3ds Max 2022
+VRay 5.1 案例
教程

中文全彩铂金版　　汪丹 易璐 王娟 主编

中国青年出版社

图书在版编目（CIP）数据

3ds Max 2022+VRay 5.1中文全彩铂金版案例教程／汪丹,易璐,王娟
主编. — 北京: 中国青年出版社, 2022.10
ISBN 978-7-5153-6716-3

I.①3… II.①汪… ②易… ③王… III.①三维动画软件—教材 IV.
①TP391.414

中国版本图书馆CIP数据核字（2022）第118458号

策划编辑: 张鹏
执行编辑: 张沣
营销编辑: 李大珊
责任编辑: 夏鲁莎
封面设计: 乌兰

3ds Max 2022+VRay 5.1中文全彩铂金版案例教程
主　编: 汪丹 易璐 王娟

出版发行: 中国青年出版社
地　　址: 北京市东城区东四十二条21号
网　　址: www.cyp.com.cn
电　　话: （010）59231565
传　　真: （010）59231381
企　　划: 北京中青雄狮数码传媒科技有限公司
印　　刷: 天津融正印刷有限公司
开　　本: 787 x 1092 1/16
印　　张: 13
字　　数: 403千字
版　　次: 2022年10月北京第1版
印　　次: 2022年10月第1次印刷
书　　号: ISBN 978-7-5153-6716-3
定　　价: 69.90元（附赠2DVD, 含语音视频教学+案例素材文件+PPT
　　　　　幻灯片课件+海量实用资源）

本书如有印装质量等问题, 请与本社联系　电话: （010）59231565
读者来信: reader@cypmedia.com　　投稿邮箱: author@cypmedia.com
如有其他问题请访问我们的网站: http://www.cypmedia.com

前言

首先，感谢您选择并阅读本书。

软件简介

3ds Max是Autodesk公司开发的一款基于PC系统的三维动画制作软件。自问世以来，它凭借其强大的建模、材质、灯光、特效和渲染等功能，以及人性化的操作方式，被广泛应用于影视包装、建筑表现、工业设计以及游戏动画等诸多领域，深受国内外设计师和三维爱好者的青睐。目前，我国很多院校和培训机构的艺术专业都将3ds Max作为一门重要的专业课程。

内容提要

本书以理论知识结合实际案例操作的方式编写，分为基础知识和综合案例两个部分。

在基础知识部分，为了避免读者在学习理论知识后，实际操作软件时仍然感觉无从下手，我们在介绍软件的各个功能时，会根据功能的重要程度和使用频率，以具体案例的形式，拓展读者的实际操作能力。每章内容学习完成后，还会有具体的案例来对本章所学内容进行综合应用，使读者可以快速熟悉软件功能和设计思路。通过课后的练习内容，读者可对所学的知识进行巩固加深。

在综合案例部分中，案例的选取思路是根据3ds Max的几大功能特点，有针对性、代表性和侧重点，并结合实际工作中的应用进行选择的。通过对这些实用性案例的学习，读者可真正达到学以致用的目的。

为了帮助读者更加直观地学习本书，随书附赠全部案例的素材文件，方便读者更高效地学习。为了方便学习，还配备了所有案例的多媒体有声视频教学录像，详细地展示了各个案例效果的实现过程，扫除初学者对新软件的陌生感。

适用读者群体

本书既可作为了解3ds Max各项功能和最新特性的应用指南，也可作为提高用户设计和创新能力的指导，适用读者群体如下。

- 各高等院校刚刚接触3ds Max的莘莘学子
- 各大中专院校相关专业及培训班学员
- 从事三维动画设计和制作相关工作的设计师
- 对3ds Max三维动画制作感兴趣的读者

本书在写作过程中力求谨慎，但因时间和精力有限，不足之处在所难免，敬请广大读者批评指正。

编　者

3+V 目录

第一部分　基础知识篇

第1章　3ds Max 2022和VRay 5.1的概述

第2章　3ds Max 2022的基本操作

第6章　3ds Max材质编辑器和VRay材质

第7章　渲染技术

第二部分　综合案例篇

第一部分
基础知识篇

本篇将对3ds Max 2022和VRay 5.1的概念及各大应用模块的功能进行详细介绍，包括软件的用户界面操作、视图的操作、文件和对象的基本操作、基本几何体建模、样条线建模、修改器建模、可编辑对象建模、标准摄影机、VRay摄影机、VRay灯光、材质编辑器、VRay材质、贴图以及渲染器等。在介绍基础操作的同时，配以丰富的实战案例，让读者可以全面掌握3ds Max 2022和VRay的操作技术。

3ds Max 2022 和VRay 5.1的概述

第1章

本章概述

本章将对3ds Max软件进行初步介绍，使读者了解3ds Max的发展历程、优点、应用领域，界面的分布和视口操作等。学习本章内容，是之后进一步学习3ds Max建模、材质和渲染等内容的基础。

核心知识点

1. 了解3ds Max的应用领域
2. 了解3ds Max的功能概况
3. 熟悉3ds Max的用户界面
4. 掌握3ds Max系统的常规设置
5. 掌握用户界面的自定义设置

1.1 认识3ds Max

3ds Max是一款优秀的设计类软件，它是利用建立在算法基础之上并高于算法的可视化程序来生成三维模型的。与其他建模软件相比，3ds Max的操作更加简单，且更容易上手。

1.1.1 3ds Max的发展历程

3D Studio Max，常简称为3d Max或3ds Max，是Discreet公司（后被Autodesk公司合并）开发的基于PC系统的三维动画渲染和制作软件。它的前身是基于DOS操作系统的3D Studio系列软件。在Windows NT出现以前，工业级的CG制作被SGI图形工作站所垄断。3D Studio Max + Windows NT组合的出现一下子降低了CG制作的门槛，首先运用于电脑游戏中的动画制作，后来更进一步参与影视片的特效制作，例如《X战警Ⅱ》《最后的武士》等。在Discreet 3ds Max 7后，正式更名为Autodesk 3ds Max，目前最新版本是3ds Max 2022。下图是3ds Max 2022的启动界面。

1990年Autodesk公司成立多媒体部，推出了第一个动画工作软件3D Studio。DOS版本的3D Studio诞生在1980年代末，那时只要有一台386 DX以上的微型计算机就可以圆一个电脑设计师的梦。但是进入1990年代后，PC业及Windows 9x操作系统的进步，使DOS下的设计软件在颜色深度、内存、渲染和速度上存在严重不足，同时，基于工作站的大型三维设计软件Softimage、Lightwave、Wavefront

等在电影特技行业的成功，使3D Studio的设计者决心迎头赶上。在1996年4月，3D Studio MAX 1.0诞生了，这是3D Studio系列的第一个Windows版本。随后，3D Studio MAX针对Intel Pentium Pro和Pentium Ⅱ处理器进行了优化，特别适合Intel Pentium多处理器系统。

新奥尔良Siggraph 2000上市发布后，从4.0版开始，软件名称改为小写的3ds Max。3ds Max 4主要在角色动画制作方面有了较大提高。随着软件的不断完善，陆续推出Discreet 3ds Max 5、Discreet 3ds Max 6和Discreet 3ds Max 7。3ds Max 7为了满足业内对威力强大而且使用方便的非线性动画工具的需求，集成了获奖的高级人物动作工具套件character studio。并且从这个版本开始，3ds Max正式支持法线贴图技术。

2005年10月11日，Autodesk宣布其3ds Max软件的最新版本3ds Max 8正式发售，此时名称为Autodesk 3ds Max8。

2008年2月12日，Autodesk, Inc.(NASDAQ: ADSK)宣布推出Autodesk 3ds Max建模、动画和渲染软件的两个新版本。同年推出了面向娱乐专业人士的Autodesk 3ds Max 2009软件。

到目前为止，3ds Max经过30多年的发展，软件的结构、外观设计和功能等发生了翻天覆地的变化。它的结构和外观设计更加人性化，功能逐渐全面，应用更加广泛，也更受用户的青睐。版本越高其功能也越强大，从而使3D创作可以在短时间内产出更高质量的作品。

1.1.2 3ds Max的优点

Autodesk 3ds Max是Autodesk公司开发的基于PC系统的集三维建模、渲染和动画制作于一体的一款三维软件。作为一款软件，它为什么会受这么多的用户喜爱呢？这是因为3ds Max具有简单强大的建模功能，使用VRay材质可以制作出非常真实的材质效果，配合VRay灯光可以模拟现实生活中的光照效果，以及具有良好兼容性等。

（1）简单强大的建模

3ds Max无论被用于何种行业，项目制作流程的第一步都是创建场景模型。建模就如同现实生活中打地基一样，后续的一切工作都是在模型的基础之上开展，所以做出好的、符合项目要求的模型至关重要。3ds Max提供了多种建模方法，用户可以根据自己的操作习惯或项目需求进行选择。

使用3ds Max的三维建模、纹理和效果，可以创建一系列环境和细致入微的角色。下图是在网上搜索到的游戏人物的效果，人物的头发、眼睛等细小的地方都很真实。

（2）材质和灯光

模型创建好后，就需要为其赋予材质，材质控制模型的曲面外观，模拟真实物理质感。而模型的物理属性，就需要通过为其设置合适的材质纹理来体现。恰当的材质纹理能为模型锦上添花，所以无论是贴图的选择，还是材质的调整，通常情况下，都需要用户反复地测试调整。

灯光的创建与项目需求、摄影机角度有一定的关系，所以一般都先为场景创建合适的摄影机。3ds Max提供了三种摄影机类型，用户可以根据需要选择合适的类型。

下图是在网上搜索的，为室内模型添加材质和灯光后的效果。其效果和现实生活中一样，材质很真实，如沙发布的材质、地板的材质、墙壁的材质等。室内的灯光效果也很真实，如各种反射、折射、发光等。

（3）渲染

渲染出图是3ds Max制作流程的最后一步，也是前期工作的最终表现。渲染时，用户就会发现需要选择合适的渲染器。除了3ds Max本身为用户提供的一些渲染器外，用户还可以根据作品类型以及各种渲染器的特点选择适当的渲染器。

3ds Max可与Arnold、VRay、Iray和mental ray等大多数主要渲染器搭配使用，创建出色的场景和惊人的视觉效果。下图是在网上搜索的使用3ds Max渲染的室外效果图。

（4）良好的兼容性

3ds Max可以与CAD、SketchUp、Photoshop、VRay、Revit和Unity等软件配合使用，可以提高工作效率。例如CAD中的图形可以导入到3ds Max中应用，3ds Max中的二维图形也可以导入到CAD中应用，使用3ds Max制作出的效果图可以在Photoshop中进一步处理，Photoshop中的AI文件也可以在3ds Max中使用。

1.1.3 3ds Max的应用领域

Autodesk 3ds Max是一款强大的三维制作软件，随着版本不断升级，3ds Max的功能也越来越强大、完善，吸引了越来越多用户的青睐，并在诸多应用领域有着举足轻重的地位。3ds Max被广泛应用于建筑表现、工业设计、游戏动画、影视包装、广告设计、多媒体制作等众多领域。

（1）建筑设计

近年来，在室内表现和室外园林设计行业，涌现出大量应用3ds Max制作的优秀作品。在建筑可视化行业中，3ds Max除了可以创建静态效果图外，还可以制作三维动画或者虚拟现实的效果，在建筑可视化创作过程中都形成了自己的独特风格。

（2）游戏动画

在游戏或动画行业中，可以利用3ds Max来制作游戏或动画中的场景对象、角色模型、场景动画等，制作出魔幻美丽的游戏人物或动画场景等。3ds Max能为游戏元素创建动画、动作等，使这些游戏元素"活"起来，从而能够给玩家带来生动的视觉感官效果。下图为《魔兽争霸III：重制版》中的效果图。

（3）工业设计

在汽车、机械制造、产品包装设计等行业内，可以利用3ds Max来模拟创建产品外观造型，或制作产品宣传动画，下左图为某机械设计表现。

（4）影视广告

在影视栏目包装行业中，利用3ds Max可以制作在现实世界中无法存在的场景或特效，从而使影视效果更加震撼完美，下右图为TANK Production制作的具有特色的创意广告。

1.2 3ds Max 2022和VRay 5.1界面

在利用3ds Max进行作品创作的过程中，需要应用软件中的许多命令和工具，而在应用这些命令和工具之前，用户需要了解和熟悉它们的来源以及调用方法。本节将对3ds Max 2022的界面组成、界面操作、视图操作等进行详尽介绍。

1.2.1 3ds Max 2022界面

安装完3ds Max 2022后，双击桌面的快捷方式进行启动，即可打开操作界面，如下图所示。3ds Max 2022界面一般由菜单栏、命令面板、主工具栏、功能区、场景资源管理器、视口、状态栏以及各种控制区组成。

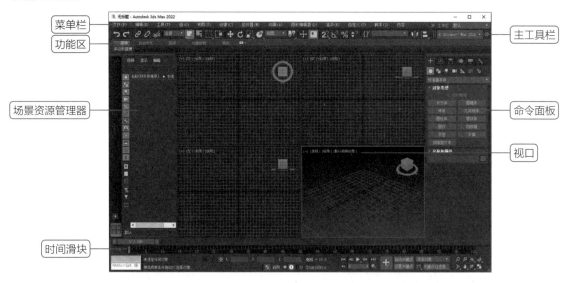

（1）菜单栏

在3ds Max 2022主窗口的标题栏下方一栏，为用户提供了几乎所有的3ds Max操作命令。每个菜单的标题表明该菜单上命令的大致用途，单击菜单名称时，即可打开级联菜单或多级联菜单。下图为3ds Max菜单栏。

| 文件(F) | 编辑(E) | 工具(T) | 组(G) | 视图(V) | 创建(C) | 修改器(M) | 动画(A) | 图形编辑器(D) | 渲染(R) | 自定义(U) | 脚本(S) | 内容 | » 工作区 默认 | ▼ |

下面介绍菜单栏中各命令的含义。

- **文件**：用于对文件的打开、存储、新建、导入和导出等。
- **编辑**：用于对操作撤销或重做，对对象进行移动、旋转、缩放等。
- **工具**：包括常用的各种制作工具。
- **组**：用于将多个物体组为一个组，或分解一个组为多个物体。
- **视图**：用于对视图进行操作。通常主要有"视口背景"命令，通过该命令可以给场景增加背景。
- **创建**：提供了大量的基本模型、系统对象、灯光和相机等。
- **修改器**：编辑修改物体或动画的命令。
- **动画**：利用该菜单可以设置正向运动、反向运动、创建骨骼和虚拟物体等。
- **图形编辑器**：用于创建和编辑视图。
- **渲染**：主要有渲染形式和参数的设置、环境及特效的设定、渲染器的选择等。

- **工作区选择器：** 使用"工作区"功能可以快速切换任意数量不同的界面设置。它可以还原工具栏、菜单、视口布局预设等自定义排列。

（2）主工具栏

在3ds Max中，一些常用的工具或对话框被分类放置在主工具栏中，并有特定的名称，主工具栏位于用户界面顶部，方便用户调用，如下图所示。在主工具栏中，单击右下方带有三角标志的按钮，会弹出下拉列表，显示更多的工具命令供用户选择使用。

（3）功能区

3ds Max的功能区位于主工具栏的下方，其界面形式是高度自定义的上下文相关工具栏，包含"建模""自由形式""选择""对象绘制"和"填充"选项卡，每个选项卡都包含许多非常好用的面板和工具，它们的显示与否取决于上下文，如下图所示为"可编辑多边形顶点对象层级"状态下的功能区显示。此外，用户可以通过单击主工具栏中的"显示功能区"按钮，来显示和隐藏功能区。

（4）场景资源管理器

场景资源管理器位于3ds Max用户界面的左侧，是一种无模式对话框，包含场景中所有对象的目录，可用于查看、排序、过滤对象、根据不同条件选择对象，还可用于重命名、删除、隐藏和冻结对象，创建和修改对象层次，以及编辑对象属性。

场景资源管理器一般停靠在用户界面左侧，占据较大的空间，用户可以将其拖出置于界面上方，形成浮动状态，或者单击面板右上方的关闭按钮将其隐藏，在需要的时候再将其显示出来，如右图所示。

提示：如何显示场景资源管理器

当场景资源管理器处于隐藏状态时，用户可以通过单击主工具栏里的"切换层资源管理器"按钮，显示或隐藏资源管理器。但用户每次单击该按钮来显示资源管理器时，默认情况下打开的是"场景资源管理器-层资源管理器"，用户可以单击该面板左下方"层资源管理器"右侧的下三角按钮，在弹出的列表中选择"默认"选项，即可显示场景资源管理器，如右图所示。

（5）视口

视口占据3ds Max操作窗口的大部分区域，所有对象的创建、编辑操作都在视口中进行。默认情况下打开的是顶、前、左、透视四视口布局，用户可以在视口左侧的"视口布局"选项卡栏中快速切换任何数目的不同视口布局。

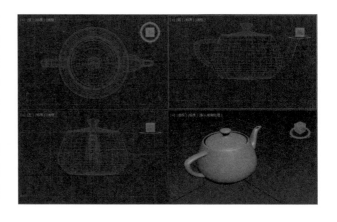

每个视口都包含垂直和水平线，这些线组成了3ds Max的主栅格。主栅格包含黑色垂直线和黑色水平线，这两条线在三维空间的中心相交，交点的坐标是x=0、y=0和z=0。

顶视口、前视口和左视口显示的场景没有透视效果，也意味着在这些视口中同一方向的栅格线总是平行的。透视口类似于人的眼睛和摄像机观察时看到的效果，视口中的栅格线是可以相交的。

提示：创建新的视口布局

3ds Max默认的视口布局包括顶视图、前视图、左视图和透视视图，我们可以应用软件自带的标准视口布局。单击视口布局选项中"创建新的视口布局"选项卡的下三角按钮，在列表中选择"标准视口布局"，如下左图所示。例如选择第1行第3列的选项后，视口布局如下右图所示。

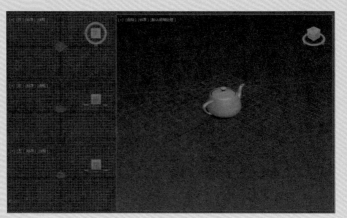

（6）命令面板

命令面板位于3ds Max界面的右侧，由创建、修改、层次、运动、显示和实用程序6个用户界面子面板组成，但每次只有一个面板可见，要想显示不同的面板，只需单击"命令"面板顶部的选项卡即可。命令面板是3ds Max程序软件最常用命令的集合，是用户界面最重要的组成部分之一，需要花费较多的时间熟悉和学习它。

在命令面板中，"创建"和"修改"面板较为常用。"创建"命令面板中包含了几何体、图形、灯光、摄影机、辅助对象、空间扭曲和系统6个子面板，如下左图所示。

通过"创建"命令面板可以在场景中放置一些基本对象，同时系统会为每个对象指定一组创建参数，这些参数根据对象类型定义几何和其他特性。用户可以在"修改"命令面板的"参数"卷展栏中修改这些参数，如下中图所示。

通过"层次"命令面板可以访问用来调整对象链接的工具。通过将一个对象与另一个对象相链接，可以创建"父子关系"，应用到"父对象"的变换将同时传达给"子对象"。"层次"命令面板，如下右图所示。

"运动"命令面板包含动画控制器和轨迹的控件，用于设置各个对象的运动方式和轨迹，以及高级动画设置。"运动"命令面板，如下左图所示。

"显示"命令面板包含用于隐藏和显示对象的控件以及其他显示选项。"显示"命令面板，如下中图所示。

通过"实用程序"命令面板可以访问3ds Max各种小型程序，并可以编辑各个插件。它是3ds Max系统与用户之间对话的桥梁，如下右图所示。

（7）其他

在用户界面的下方，还有MAXScript 迷你侦听器、状态栏和提示行、动画控件和时间配置、视口导航控件等工具，通过这些工具，用户可以更好地创建和管理场景，如下图所示。

- **MAXScript 迷你侦听器：** MAXScript侦听器窗口内容的一个单行视图，分为粉红和白色两个窗格。粉红色的窗格是"宏录制器"窗格，当启用"宏录制器"时，录制下来的所有内容都将显示在粉红

窗格中，在"迷你侦听器"状态中的粉红色行表明该条目是进入"宏录制器"窗格的最新条目。白色窗格是"脚本"窗口，可以在这里创建脚本，在侦听器白色区域中输入的最后一行将显示在迷你侦听器的白色区域中。

- **状态栏和提示行**：提供当前场景的提示和状态信息，包含"孤立当前选择切换""选择锁定切换""绝对/偏移模式变换输入"按钮，其右侧是坐标显示区域，可以在此输入绝对或偏移变化值。

> **提示：使用快捷键孤立与锁定当前选择**
>
> 用户除了单击界面下方状态栏中的"孤立当前选择切换""选择锁定切换"按钮进行对象的孤立与锁定外，还可以按下 Alt+Q 组合键，孤立当前选择。按下空格键，锁定当前选择对象。

- **轨迹栏**：轨迹栏内含有显示帧数的时间轴，以及"打开迷你曲线编辑器"按钮，用户可以在该区域内创建和修改关键帧，下图为迷你曲线编辑器。

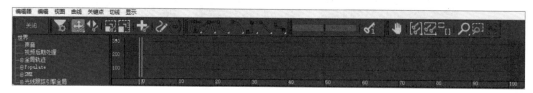

- **动画控件和时间配置**：主动画控件位于程序窗口底部的状态栏和视口导航控件之间，可以控制视口中动画的播放模式，单击"时间配置"按钮，可以打开"时间配置"对话框。另外两个重要的动画控件是时间滑块和轨迹栏，位于主动画控件左侧的状态栏上，它们均可处于浮动或停靠状态。
- **视口导航控件**：主要包括一些用于视图控制和操作的按钮。

1.2.2 视口操作

3ds Max 中所有的场景对象都处于一个模拟的三维世界中，用户可以通过视口来观察、了解这个三维世界中场景对象之间的三维关系，并在视口中进行创造与修改对象。3ds Max 为用户提供了"视图"菜单、视口标签菜单、视口导航控件等多种方式来进行视口的操作与设置。

（1）"视图"菜单与视口布局

大多数的视口设置命令都存在于"视图"菜单中，选择"视图"菜单下的"视口配置"命令，如下左图所示。打开"视口配置"对话框切换至"布局"选项卡，选择视口的划分方式，在中间显示各部分的视口布局，单击"确定"按钮，如下右图所示。

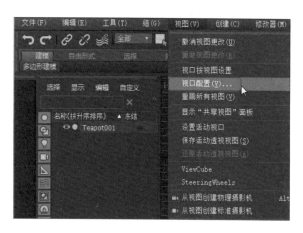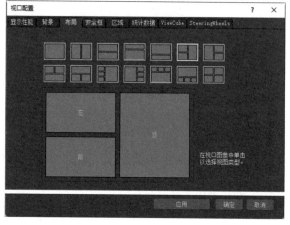

（2）视口标签菜单

视口标签菜单位于每个视口的左上角，一般情况下有4个标签，用户单击每个标签都可以打开对应的快捷菜单，选择相应的选项进行设置。单击加号标签，在列表中可以设置最大化视口、活动视口、显示栅格等，如下左图所示。单击"线框"标签，在列表中可以设置对象的显示方式，例如面、边界框等，如下右图所示。

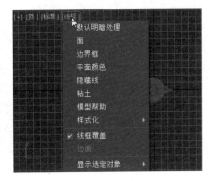

（3）通过视口盒调整对象的显示方式

在3ds Max每个视口的右上角，都有一个能够控制视图观察方向的视口盒，用户可以通过操作视口盒来旋转或调整视口。在视口盒的四个方向分别有一个三角箭头，单击时会显示相应的视口，例如当前为左视图时，单击上方三角箭头，会以上视图显示，如下左图、下右图所示。

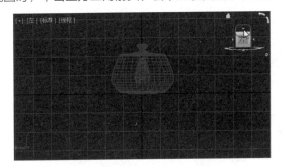
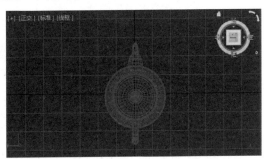

当单击左视频右侧边线时，会以左前的正交视频显示，同时显示左视图和前视图的内容，如下左图所示。当单击视口盒的顶点时，会显示相交3个视频的内容，例如单击左视频右上角的点，会显示上视图、左视图和前视图的内容，如下右图所示。

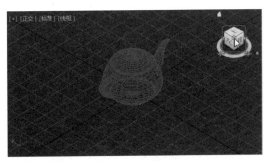

实战练习 隐藏或显示视口盒

有时视口盒的存在会妨碍到用户的操作，下面介绍将视口盒隐藏起来，并在需要的时候显示出来的两种操作方法。

方法一 菜单栏隐藏视口盒。

打开3ds Max应用程序，默认情况下每个视口的右上角都存在一个视口盒。在菜单栏中执行"视图>ViewCube>显示ViewCube"命令，或按下Alt+Ctrl+V组合键，如下左图所示。

完成上述操作后，每个视口右上角的视口盒均被隐藏起来，如下右图所示。

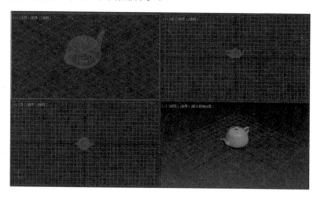

方法二 "视口配置"对话框隐藏视口盒。

在菜单栏中执行"视图>视口配置"命令，如下左图所示。

打开"视口配置"对话框，切换到ViewCube选项卡，在"显示选项"选项组内，勾选"显示ViewCube"复选框后，单击"确定"按钮完成操作，如下右图所示。

如果需要显示视口盒，根据上述介绍的方法激活对应的选项或复选框即可。

1.2.3 系统常规设置

在3ds Max中进行建筑与室内效果图的制作时，用户会发现一些系统的参数设置，可以帮助用户规避操作中因意外故障造成的损失，或是使用户在创作场景时更加便捷、清晰，易与他人合作共享文件等。因此，用户在操作前应学会如何设置系统单位，了解故障恢复系统和怎样备份数据。

（1）设置系统单位

在实际的项目制作中，经常需要多人合作完成工作，这时必须要求制作人员将系统单位设置为相同的系统单位比例，从而保证相互间的文件能够共享，不出差错。这里应注意的是，由于每个成员操作习惯的不同，显示单位比例有可能不尽相同，但只要系统单位比例一致就不会影响团队的合作。

步骤01 打开3ds Max应用程序，在菜单栏中执行"自定义>系统单位"命令，在弹出的"单位设置"对话框中，单击"系统单位设置"按钮，如下左图所示。

步骤 02 在"系统单位设置"对话框中的"系统单位比例"选项组中，单击"单位"右侧的下三角按钮，从下拉列表中选择合适的系统单位后，单击"确定"按钮，如下中图所示。

步骤 03 返回"单位设置"对话框，单击"显示单位比例"选项组中"公制"单选按钮，并单击其下三角按钮，从下拉列表中选择合适的显示单位，并单击"确定"按钮完成单位的设置，如下右图所示。

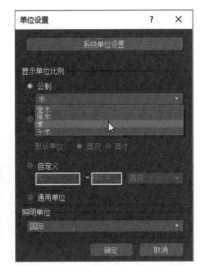

（2）系统常规设置

在实际工作中，3ds Max为用户提供了故障恢复、数据备份等措施来防止一些意外故障对工程文件的损害。因此，设置好系统单位后，下面来学习如何进行一些系统常规的参数设置。

步骤 01 打开3ds Max应用程序，在菜单栏中执行"自定义>首选项"命令，在打开的"首选项设置"对话框中，切换到"常规"选项卡，在"场景撤销"选项组中，将"级别"设为合适的数值，如下左图所示。

步骤 02 切换到"文件"选项卡，在"文件处理"选项组中勾选"增量保存"复选框，在"自动备份"选项组中确认自动备份是否启用，并设置"Autoback文件数""备份间隔""自动备份文件名"等相关参数，单击"确定"按钮完成设置，如下右图所示。

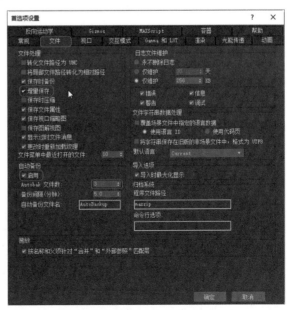

1.2.4 VRay 5.1的设置

VRay是由chaosgroup和asgvis公司出品的一款高质量渲染软件。VRay是业界最受欢迎的渲染引擎。基于VRay内核开发的有VRay for 3ds Max、Maya、SketchUp和Rhino等诸多版本，为不同领域的优秀3D建模软件提供了高质量的图片和动画渲染。

安装VRay的插件后，打开3ds Max应用程序，会显示悬浮在视口中的VRay工具栏，拖拽将其放在合适的位置，例如放在左侧，如下左图所示。

3ds Max默认是使用自带的渲染工具，安装完VRay后，还需要进一步设置。在工具栏中单击"渲染设置"按钮，或按F10功能键，如下右图所示。

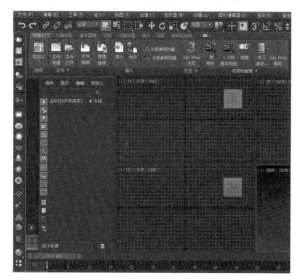

打开"渲染设置"面板，单击"渲染器"右侧的下三角按钮，在列表中选择安装的VRay插件选项，如下左图所示。如果选择"VRay 5, update 1.2"选项表示使用计算机的CPU进行渲染，选择"VRay GPU5, update 1.2"选项表示使用计算机的显卡进行渲染，用户可根据计算机的配置进行选择。

如果一直保持3ds Max通过VRay 5.1进行渲染，在"渲染设置"面板的"公用"选项卡中展开"指定渲染器"卷展栏，此时"产品级"和"材质编辑器"默认为设置的渲染器，单击"保存为默认设置"按钮，如下右图所示。在弹出的提示对话框中单击"确定"按钮即可。

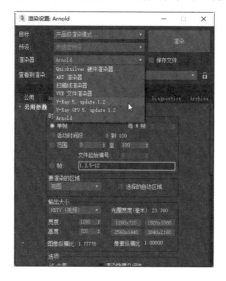

知识延伸：自定义用户界面

3ds Max考虑不同用户的操作习惯和喜好，用户可以根据需要选择系统默认的界面或预置的界面进行操作，也可以根据自己的习惯调整界面布局、颜色或快捷键等，设置符合操作习惯的用户界面。下面来了解一下3ds Max提供的不同界面方案以及如何自定义用户界面。

（1）使用预置的用户界面

许多3ds Max的老版本用户可能会不太习惯3ds Max 2022的默认界面色彩，最便捷更改界面的方法就是使用3ds Max预置的用户界面。用户可以在菜单栏中执行"自定义>自定义默认设置切换器"命令，在打开的"自定义UI与默认设置切换器"对话框进行相关设置。

（2）自定义用户界面

用户除了可以使用系统提供的几种用户界面方案外，还可以根据自己的习惯，调整界面布局、颜色或快捷键等，设置适合自己的用户界面。用户可以在菜单栏中执行"自定义>自定义用户界面"命令，打开"自定义用户界面"对话框进行相关设置。

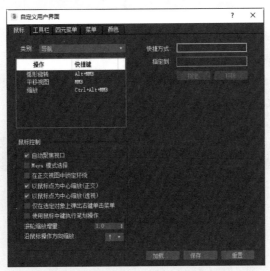

15

上机实训：设置自定义视口背景色和边框颜色

3ds Max 2022默认界面的颜色是黑色，视口边框颜色为灰色，当选中某个视口时边框颜色为黄色。下面介绍根据个人喜好设置视口背景色和边框颜色的方法。

扫码看视频

步骤 01 打开3ds Max应用程序，在菜单栏中执行"自定义>自定义用户界面"命令，打开"自定义用户界面"对话框，切换到"颜色"选项卡，如下左图所示。

步骤 02 保持"元素"为默认的"视口"选项，在下方列表框中选择"视口背景"选项，在右侧单击"颜色"的色块，如下右图所示。

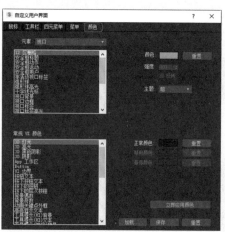 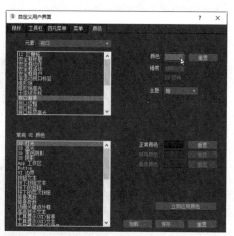

步骤 03 打开"颜色选择器"对话框，当前参数为视口背景颜色默认的数值。在左侧调整色调，再通过"白度"设置颜色，用户也可以直接在右侧设置各参数的数值，调整完成后单击"确定"按钮，如下左图所示。

步骤 04 返回"自定义用户界面"对话框，单击"加载"按钮，打开"加载颜色文件"对话框，自动找到安装3ds Max时的UI文件夹，单击"打开"按钮，如下右图所示。

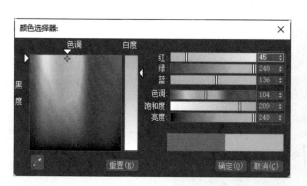 

步骤 05 返回到3ds Max中，可见视口背景应用设置的颜色，其中"透视"视口为默认的灰色，如下左图所示。

步骤 06 接下来设置边框颜色。打开"自定义用户界面"对话框，切换至"颜色"选项卡，选择"视口边框"选项，单击右侧的"颜色"色块，如下右图所示。

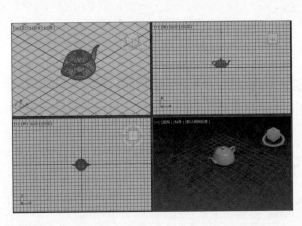
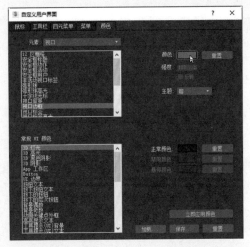

步骤 07 打开"颜色选择器"对话框，当前参数为视口边框颜色默认的数值。在左侧调整色调，再通过"白度"设置颜色，用户也可以直接在右侧设置各参数的数值，调整完成后单击"确定"按钮，如下左图所示。

步骤 08 返回"自定义用户界面"对话框，单击右下角"立即应用颜色"按钮，并关闭对话框。返回3ds Max中，可见视口的边框颜色变为设置的红色，如下右图所示。

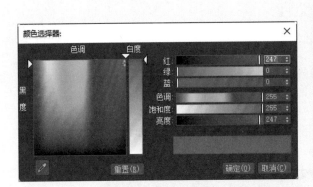
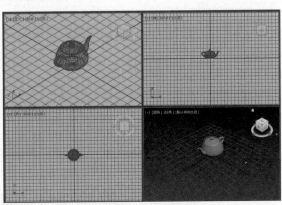

步骤 09 如果要恢复3ds Max默认的设置，打开"自定义用户界面"对话框，单击右下角"重置"按钮，接着在打开的"还原颜色文件"对话框中单击"是"按钮即可，如下图所示。

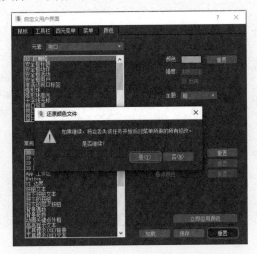

课后练习

一、选择题

（1）3ds Max的主要功能有（ ）。

    A. 建模   B. 渲染

    C. 动画   D. 以上都是

（2）3ds Max的主要应用领域有（ ）。

    A. 游戏动画   B. 建筑表现

    C. 工业设计   D. 以上都是

（3）3ds Max大部分命令都集中在（ ）中。

    A. 状态栏   B. 工具栏

    C. 菜单栏   D. 标题栏

（4）"切换功能区"按钮，位于（ ）。

    A. 菜单栏中   B. 快速访问工具栏上

    C. 主工具栏上   D. 命令面板上

二、填空题

（1）用户可以按下_____组合键，新建场景文件。

（2）命令面板由_____、_____、_____、_____、_____、
_____，共6个子面板组成。

（3）用户可以按下_____组合键，孤立当前选择对象。

三、上机题

    通过本章的学习，我们对3ds Max的界面有了一定了解，接下来将视口的边框颜色设置为浅绿色，活动视口的边框设置为红色，效果如下图所示。

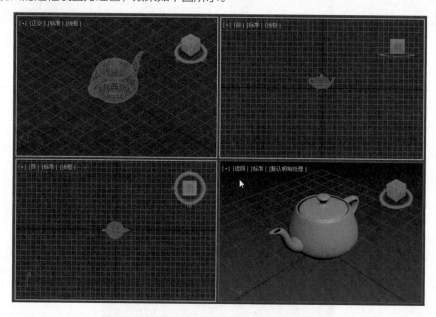

3ds Max 2022的基本操作

本章概述

本章主要介绍在3ds Max中如何选择对象、对象的基本变换操作及一些常用的高级变换工具，比如对克隆、对齐、镜像、阵列等工具进行介绍。此外，在场景对象的设置和管理方面，主要讲述了对象属性、组和层管理等知识。

核心知识点

❶ 掌握对象的基本操作
❷ 熟悉对象高级操作的常用工具
❸ 熟悉对象属性及组的相关操作
❹ 学会利用资源管理器
❺ 了解3ds Max的坐标系统

2.1　3ds Max文件的基本操作

我们使用3ds Max创作作品之前要学会文件的基本操作，所以本节主要介绍3ds Max 2022文件的基本操作，例如新建、保存、重置、导入和导出文件等基本操作。

在3ds Max中对文件的操作命令都在"文件"菜单中，在菜单名称右侧显示三角图标时，当光标定位在该命令上，还会显示子菜单内容，如右图所示。

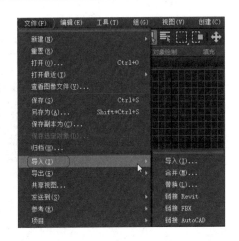

2.1.1　新建文件

双击桌面快捷图标，打开3ds Max应用程序，可以新建一个空白无标题的工程文件。如果已经打开3ds Max应用程序，按下Ctrl+N组合键，在弹出的"新建场景"对话框中，单击"确定"按钮，就可以创建一个清除当前场景的内容，并且保持当前任务和UI设置的新空白工程文件。"新建场景"对话框如下左图所示。

用户也可以在菜单栏中执行"文件>新建>新建全部"命令，新建相应的工程文件，如下右图所示。

选择"新建全部"命令创建文件，会弹出对话框提示是否将当前文件保存，如下左图所示。如果需要保存，单击"另存为"按钮，保存文件的操作将在之后的小节中介绍。如果单击"退出且不保存"按钮，则会退出当前文件，打开空白文件。

如果选择"从模板新建"选项，打开"创建新场景"对话框，会显示5种模板。选择合适的模板后，单击"创建新场景"按钮即可，如下右图所示。

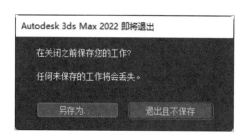

如果要查看选择模板具体参数，可以在"创建新场景"对话框中单击左下角"打开模板管理器"链接。打开"模板管理器"对话框，在左侧选择模板，右侧显示具体的参数，如下左图所示。应用模板后，3ds Max视口只显示"透视"视图，背景为选中的模板背景，如下右图所示。

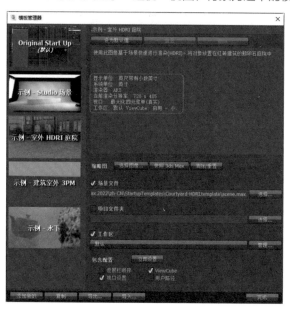

2.1.2　打开文件

在3ds Max中，用户可以在菜单栏中执行"文件>打开"命令，在弹出的"打开文件"对话框中浏览相应的文件并选中，在右侧"缩略图"区域可以预览文件的内容，单击"打开"按钮打开工程文件，如右图所示。此外，用户也可以直接双击需要打开的Max文件，或者将文件直接拖拽到3ds Max的桌面图标上，都可以打开Max文件。

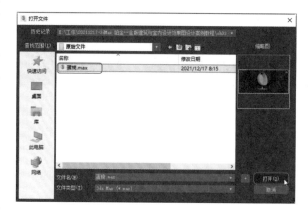

2.1.3 文件的保存与归档

用户在利用3ds Max进行创作的过程中，为了防止文件的损坏、丢失，需及时对其进行保存或是归档操作，下面将介绍文件的保存、另存为、保存选定对象与归档操作。

（1）保存文件

执行菜单栏下的"文件>保存"命令（按Ctrl+S组合键）或"文件>另存为"命令（按Shift+Ctrl+S组合键），均会弹出"文件另存为"对话框，然后设置文件的保存位置、文件名、保存类型等，单击"保存"按钮，如下左图所示。

用户也可以在打开的多对象场景中，选择其中任意一个或多个对象，在菜单栏中执行"文件>保存选定对象"命令，在弹出的"文件另存为"对话框进行相应的设置，即可将选中的对象从当前场景中单独存储。

（2）归档

用户若想要在第三方计算机上继续进行文件的加工处理，或是与其他用户交换场景，就需要保证3ds Max文件所用的位图等外部资源不被丢失。这时候用户需要在菜单栏中执行"文件>归档"命令，在弹出的"文件归档"对话框中进行相应的设置，将当前3ds Max文件和所有相关资源压缩到一个ZIP文件中，如下右图所示。

提示：重置文件

在菜单栏中执行"文件>重置"命令，可以将3ds Max会话重置到默认样板，并在不改动界面相关布置的情况下重新创建一个文件。使用"重置"命令与退出并重新启动3ds Max的效果一样。

2.1.4 文件的导入与导出

在3ds Max中，用户可以借助一些外部场景或其他程序文件来进行作品的创作，提高工作效率。这些外部文件既可以是.max文件，也可以是一些第三方应用程序的文件，比如CAD图纸或AI格式的文件。这时用户可以通过"导入"命令来完成文件的导入。同样也可以应用"导出"命令，导出场景对象以供其他程序使用。

场景中包含多个对象时，用户还可以将任意一个或多个导出。在菜单栏中执行"文件>导出>导出选定对象"命令，如右图所示。

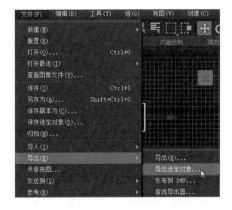

2.2 对象的基本操作

用户在使用3ds Max进行创作时，熟练掌握对象的基本操作，是完成创作的必备技能。对象的基本操作主要由选择、移动、旋转和缩放组成，而对象的锁定、隐藏和冻结可以方便操作观察，且能减少失误操作的发生。

2.2.1 对象的选择

在大多数情况下，对场景对象进行操作前，首先要对场景对象进行选择操作。只有选定对象后，才能进行具体的编辑操作。用户可以通过不同的方式进行对象的选择，例如按对象的名称进行选择，也可以使用材质、颜色、过滤器等进行选择，当然最基本的选择方法就是使用鼠标或鼠标与按键配合。

（1）按名称选择

在3ds Max中，每个对象都拥有自己的名称，而且是唯一的。当用户需要精准地选择一个或多个对象时，可以根据对象的名称进行选择。通过单击主工具栏中"按名称选择"按钮![]，或者按下H键，打开"从场景选择"对话框，在其列表中选中对象的名称即可，如下左图所示。

在"从场景选择"对话框中选择对象名称时，可以根据需要选择一个或多个，当选择连续多个时，选择最上方对象的名称，按住Shift键再选择最后一个对象名称。如果选择非连续多个对象时，按住Ctrl键不放，依次选择对象名称。

用户还可以在"场景资源管理器"中按名称选择对象。在菜单栏中执行"工具>场景资源管理器"命令，打开"场景资源管理器"面板，选择对象的方法和在"从场景选择"中一样，如下右图所示。

> **提示：选择的快捷键**
>
> 场景中包含多个对象时，选择部分对象后，按住Ctrl键可以加选对象，按住Alt键选择已经选择的对象可以减选对象。按Ctrl+I快捷键进行反选，按Ctrl+D快捷键取消选择对象，按Ctrl+A快捷键全选场景中的对象。

（2）按区域选择

用户可以借助区域选择工具，使用鼠标绘制区域来进行对象的选择。默认情况下，拖动鼠标时创建的是矩形选择区域，用户还可以设置不同的选择区域类型，3ds Max提供了矩形选择区域、圆形选择区域、围栏选择区域、套索选择区域和绘制选择区域5种类型。在主工具栏中，按住区域按钮，即可展开其下拉列表，将光标移到所需的区域选项上释放鼠标左键即可，如下左图所示。

在使用不同选择区域进行选择时，还可以设置区域包含的类型，包括窗口和交叉两种类型，默认状态下是交叉类型，如下右图所示。

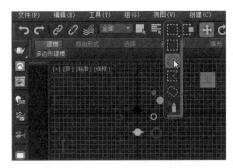 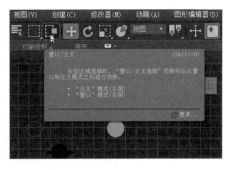

交叉类型选择位于区域内并与区域边界交叉的所有对象，在选择区域的边界上的正方体和圆环也会被选中，如下左图所示。窗口类型只选择完全位于区域内的对象，在边界上的正方体和圆环不会被选中，如下右图所示。

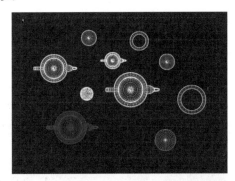 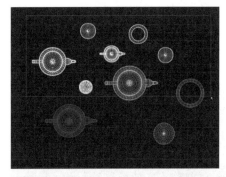

提示：根据方向自动切换窗口和交叉

用户每次设置窗口和交叉选择时，都需要在工具栏中单击对应的按钮进行切换，这样操作比较麻烦。我们可以设置为根据方向不同自动进行切换，例如，从左向右选择为窗口类型，从右向左选择为交叉类型。

在菜单栏执行"自定义>首选项"命令，打开"首选项设置"对话框，切换至"常规"选项卡，在"场景选择"区域中勾选"按方向自动切换窗口/交叉"复选框，保持"右->左 =>交叉"单选按钮为选中状态，单击"确定"按钮，如右图所示。

设置完成后，当在视口中从右向左拖拽选择对象表示交叉类型，选择边框为虚线。从左向右拖拽选择对象表示窗口类型，选择边框为实线。

（3）使用选择过滤器

用户还可以使用主工具栏中的"选择过滤器"来禁用或限定特定类别对象的选择。这种方式适用于当前场景包含多种不同类型的对象，它能使用户迅速地在所需类型中进行选择，从而避免其他类型对象被选中。单击主工具栏中"选择过滤器"的下拉按钮，即可展开下拉列表，其中包括全部、几何体、图形、灯光、摄影机、辅助对象、扭曲、组合、骨骼、IK链对象、点和CAT骨骼多种过滤类型，默认为全部，如下图所示。

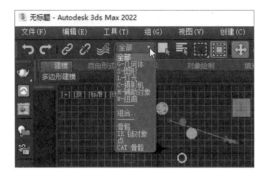

（4）取消预览时对象的轮廓

在3ds Max默认状态下，光标移到对象上方时，显示黄色预览轮廓，当选中对象时，轮廓为浅蓝色。例如，茶壶为预览状态，显示黄色轮廓；圆柱形为选中状态，显示浅蓝色轮廓。如下左图所示。

用户可以通过设置取消轮廓的显示，通常情况下只保留选中时的轮廓。在菜单栏中执行"自定义>首选项"命令，打开"首选项设置"对话框，切换至"视口"选项卡，在"选择/预览亮显"区域取消勾选"预览"右侧的"轮廓"复选框，单击"确定"按钮即可，如下右图所示。

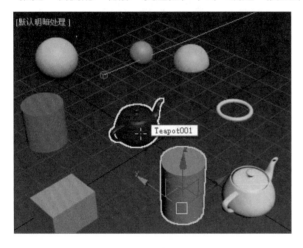
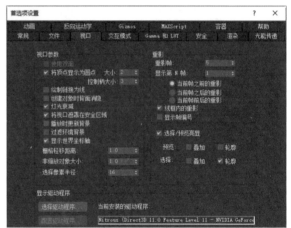

2.2.2 对象的移动、旋转和缩放

在三维场景中，用户通过单击主工具栏上的"选择并移动""选择并旋转""选择并均匀缩放"按钮，可分别对物体进行移动、旋转、缩放操作。下图中左侧对象为原始效果，中间为旋转后的效果，右侧为放大的效果。

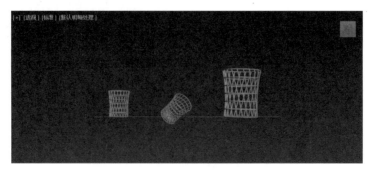

启用上述3种变换工具时，场景中被选择对象的轴心处都会出现该工具的Gizmo图标，用户可以使用组合键Shift+Ctrl+X显示或隐藏变换工具的Gizmo图标，也可以利用键盘上的"+"和"−"键来放大或缩小图标。下图所示分别为"选择并移动""选择并旋转"和"选择并均匀缩放"工具的Gizmo图标。

（1）选择并移动对象

移动对象时，单击工具栏中"选择并移动"按钮✛，将光标定位在对象中间小黄色矩形内或定位x和y轴之间黄色矩形时，可以将对象移动到任意位置，如下左图所示。将光标定位在x轴、y轴或z轴上时，控制杆变为黄色，按住鼠标左键即可向锁定的轴方向上移动。例如锁定x轴时，如下中图所示。除此之外，还可以在对应的坐标轴上单击锁定坐标，光标移到对象上变为四向箭头时，也可以沿锁定的坐标移动，如下右图所示。

 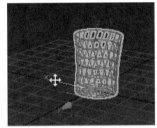 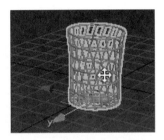

> **提示：使用快捷键锁定坐标轴**
>
> 根据上述内容，锁定坐标轴需要在对应坐标轴上单击，用户也可以通过快捷键锁定坐标轴。按F5功能键锁定x轴，按F6功能键锁定y轴，按F8功能键变换坐标循环。

（2）选择并旋转对象

选择对象后，单击工具栏中"选择并旋转"按钮↻，在物体上出现坐标轴。将光标移到红色坐标线上时变为弯曲的箭头，按住鼠标左键即可沿x轴旋转，在上方显示旋转的数值，从左向右分别为x、y和z的值，如下左图所示。同样的方法也可以沿y轴和z轴旋转。按F12功能键打开"旋转变换输入"对话框，可显示3个轴上的旋转数值，如下右图所示。

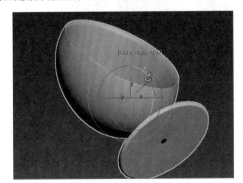

（3）选择并缩放

单击工具栏中"选择对象并缩放"按钮🔳，在列表中包括更改对象大小的3种工具，分别为"选择并均匀缩放""选择并非均匀缩放"和"选择并挤压"，如下图所示。

- **选择并均匀缩放：**可以沿3个轴以相同量缩放对象，同时保持对象的原始比例。
- **选择并非均匀缩放：**可以根据活动轴约束以非均匀方式缩放对象。
- **选择并挤压：**可以根据活动轴约束来缩放对象。挤压对象在一个轴上按比例缩小，同时在另两个轴上均匀地按比例增大。

2.2.3 对象的锁定、隐藏和冻结

用户在运用基本工具操作对象时，会发现如果场景中的物体个数较多时，容易出现失误操作、不易观察等情况，不利于对象的选择和编辑。这时候用户可以利用锁定、隐藏和冻结命令来方便操作。

（1）锁定对象

在3ds Max中，用户选中操作对象后，按下空格键，在四元菜单中选择"锁定当前选择"命令，如下左图所示。或者单击界面下方状态栏中的"选择锁定切换"按钮（按Ctrl+Shift+N快捷键），即可锁定该对象，此时只能对锁定的对象进行操作，从而避免误选其他对象。

（2）隐藏和取消隐藏对象

在建模过程中，为了避免场景中的其他对象对正在编辑的对象造成干扰，可以将其隐藏，编辑完成后还需要将隐藏的对象显示出来。

在视口中选择需要隐藏的对象并右击，四元菜单中包括隐藏和取消隐藏对象的命令，如下右图所示。

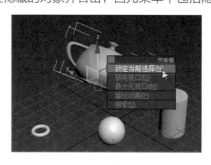

（3）冻结与解冻对象

若用户不想将所选对象隐藏起来，而只是让其在操作视口中不能被选择编辑，可以将其冻结，在需要的时候再解冻。

在视口中选择需要冻结的对象并单击鼠标右键，在四元菜单中选择"冻结当前选择"命令，如下左图所示。对象冻结后，颜色为灰白色，同时不可以进行编辑操作，如下右图所示。

当不需要冻结对象时，同样在视口中用鼠标右击任意对象，在四元菜单中选择"全部解冻"命令，则场景中所有被冻结的对象均被解冻。

2.3 对象的高级操作

在3ds Max中，除了上一节介绍的基本操作工具外，用户还可以借助高级变换工具对对象进行更为精准、复杂的操作，主要包括克隆、镜像、对齐、阵列和捕捉操作。

2.3.1 对象的复制

3ds Max提供多种复制方式，可以快速创建一个或多个选定对象，本节主要介绍常用的3种复制操作的方法。

（1）变换复制

选择需要复制的对象，在使用"选择并移动""选择并旋转"或"选择并均匀缩放"等工具的情况下，按住Shift键同时移动、旋转、缩放对象就可以达到克隆对象的目的。同时打开"克隆选项"对话框，如下左图所示。

- **复制**：克隆出与原始对象完全无关的对象，修改一个对象时，不会对另外一个对象产生影响。
- **实例**：克隆出的对象与原始对象完全交互，修改任一对象，其他对象也随之产生相同的变换。
- **参考**：克隆出与原始对象有参考关系的对象，更改原始对象，参考对象随之改变，但修改参考对象，原始对象不会发生改变。
- **副本数**：在数值框中输入数值或单击微调按钮调整数值，会复制指定数量的对象。

（2）克隆对象

在变换复制对象时，不仅可以设置对象的克隆选项，还可以设置复制的数量。通过克隆对象复制对象时，一次只能复制一个所选对象。

在场景中选择需要复制的对象，在菜单栏中执行"编辑>克隆"命令（按Ctrl+V组合键），打开"克隆选项"对话框，可见无法设置"副本数"的数值，如下右图所示。

 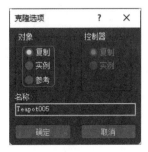

（3）阵列复制

在3ds Max中，用户可以使用阵列工具批量克隆出一组具备精确变换和定位的一维或多维对象，比如一排车、一个楼梯或整齐的货架，都可以通过阵列的方式实现。

在菜单栏中执行"工具>阵列"命令，或者单击工具栏右侧的»按钮，在列表中选择"附加"选项，在弹出的"附加"工具栏中，单击"阵列"按钮，打开"阵列"对话框，如下图所示。

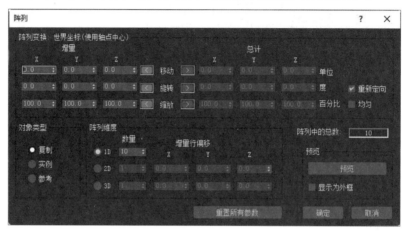

下面介绍"阵列"对话框中各选项的含义。

①阵列变换

"增量"用于指定使用哪种变换组合来创建阵列，还可以为每个变换指定沿3个轴方向的范围。在每个对象之间，可以按"增量"指定变换范围；对于所有对象，可以按"总计"指定变换范围。在任何一种情况下，都测量对象轴点之间的距离。使用当前变换设置可以生成阵列，因此该组标题会随变换设置的更改而改变。

单击"移动""旋转"或"缩放"左侧或右侧的箭头按钮，将指示是否要设置"增量"或"总计"的阵列参数。

- **移动**：指定沿X轴、Y轴和Z轴方向每个阵列对象之间的距离（以单位计）。
- **旋转**：指定阵列中每个对象围绕3个轴中的任一轴旋转的度数（以度计）。
- **缩放**：指定阵列中每个对象沿3个轴中的任一轴缩放的百分比（以百分比计）。
- **单位**：指定沿3个轴中每个轴的方向，所得阵列中两个外部对象轴点之间的总距离。例如，如果要为6个对象编排阵列，并将"移动 X"总计设置为100，则这6个对象将按以下方式排列在一行中，行中两个外部对象轴点之间的距离为100个单位。
- **度**：指定沿3个轴中的每个轴应用于对象的旋转总度数。例如，可以使用此方法创建旋转总度数为360 度的阵列。
- **百分比**：指定对象沿3个轴中的每个轴缩放的总计。
- **重新定向**：将生成的对象围绕"世界坐标"旋转的同时，使其围绕局部轴旋转。当清除此选项时，对象会保持其原始方向。
- **均匀**：禁用Y轴 和Z轴微调器，并将 X 值应用于所有轴，从而形成均匀缩放。

②对象类型

- **复制**：将选定对象的副本排列到指定位置。
- **实例**：将选定对象的实例排列到指定位置。
- **参考**：将选定对象的参考排列到指定位置。

③阵列维度

用于添加到阵列变换维数。附加维数只是定位用的。未使用旋转和缩放。

- **1D**：根据"阵列变换"组中的设置，创建一维阵列。
- **数量**：指定在阵列的该维中对象的总数。对于 1D 阵列，此值即为阵列中的对象总数。
- **2D**：创建二维阵列。
- **数量**：指定在阵列的该维中对象的总数。
- **增量行偏移**：指定沿阵列二维的每个轴方向的增量偏移距离。
- **3D**：创建三维阵列。
- **数量**：指定在阵列的该维中对象的总数。
- **增量行偏移**：指定沿阵列三维的每个轴方向的增量偏移距离。

④ 阵列中的总数：显示将创建阵列操作的实体总数，包含当前选定对象。如果排列了选择集，则对象的总数是此值乘以选择集的对象数的结果。

⑤预览

- **预览**：切换当前阵列设置的视口预览，更改设置将立即更新视口。如果加速拥有大量复杂对象阵列的反馈速度，则启用"显示为外框"。
- **显示为外框**：将阵列预览对象显示为边界框而不是几何体。

⑥ 重置所有参数：将所有参数重置为默认设置。

2.3.2　对象的镜像

用户在3ds Max中创建模型时，会发现对于一些具有对称结构的模型，可以通过镜像命令快速制作出来。

在视口中选择任一对象，在主工具栏上单击"镜像"按钮，打开"镜像"对话框，如右图所示。在开启的对话框中设置镜像参数，然后单击"确定"按钮完成对象的镜像操作。

下面介绍"镜像"对话框中各参数的含义。

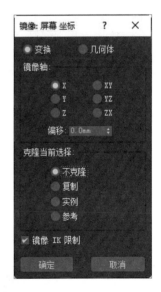

（1）镜像轴

- **镜像轴**：表示镜像轴选择为X、Y、Z、XY、YZ或ZX，选择其一可指定镜像的方向。
- **偏移**：用于指定镜像对象轴点距原始对象轴点之间的距离。

（2）克隆当前选择

"克隆当前选择"选项用于确定由"镜像"功能创建的副本的类型。默认设置为"不克隆"。

- **不克隆**：在不制作副本的情况下，镜像选定对象。
- **复制**：将选定对象的副本镜像到指定位置。
- **实例**：将选定对象的实例镜像到指定位置。
- **参考**：将选定对象的参考镜像到指定位置。
- **镜像 IK 限制**：当围绕一个轴镜像几何体时，会导致镜像IK约束（与几何体一起镜像）。如果不希望IK约束受"镜像"命令的影响，可取消勾选该复选框。

实战练习 利用复制和镜像功能快速摆放餐具

目前已经学习了对象的基本操作以及对象的复制和镜像操作，接下来将根据所学的内容快速摆放餐具。本实战练习使用复制和镜像功能快速将1套餐具变为4套，并且整齐地摆放在餐桌上。下面介绍具体操作方法。

步骤 01 打开"餐桌.max"文件，在视口中可见餐桌上只有1套餐具，如下左图所示。

步骤 02 单击左侧"创建新的视口布局选项卡"下三角按钮，在列表中选择"全屏"。选择餐具模型，在菜单栏中执行"编辑>克隆"命令，如下右图所示。

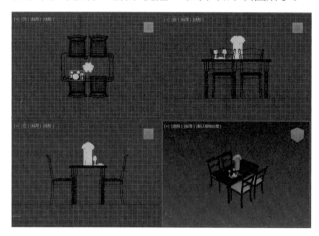

步骤 03 打开"克隆选项"对话框，在"对象"区域中选中"复制"单选按钮，在"名称"文本框中设置名称，单击"确定"按钮，如下左图所示。

步骤 04 此时餐具没有变化，是因为在相同的位置上复制了一份相同的餐具。选择上方的餐具模型，单击工具栏中"镜像"按钮，打开"镜像"对话框，设置镜像轴为y，"偏移"为400mm，在"克隆当前选择"区域中选中"不克隆"单选按钮，如下右图所示。

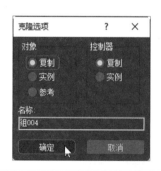

提示：设置"镜像"对话框的坐标

打开"镜像"对话框时，在名称右侧显示"屏幕 坐标"，如果需要切换为"世界 坐标"，单击工具栏中"参考坐标系"下三角按钮，在列表中选择"世界"即可。

步骤 05 镜像完成后，如下左图所示。餐具只是上下颠倒，镜像餐具摆放还不符合实际用餐的要求。

步骤 06 选中镜像后的餐具，再次单击工具栏中"镜像"按钮，在打开的对话框中设置镜像轴为x，其他参数保持不变，单击"确定"按钮，如下右图所示。

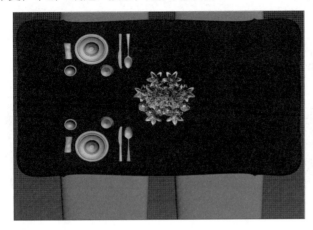

步骤 07 操作完成后，餐具模型沿着x轴方向进行镜像，如下左图所示。

步骤 08 框选两套餐具模型，单击菜单栏中"组"按钮，在菜单中选择"组"命令，如下右图所示。

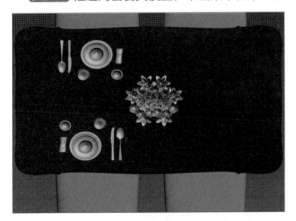
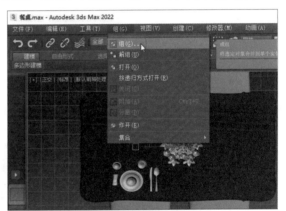

步骤 09 打开"组"对话框，直接单击"确定"按钮，将选中模型编组。保持餐具模型为选中状态，单击工具栏中"镜像"按钮，在打开的对话框中设置镜像轴为x，偏移为700mm，选中"复制"单选按钮，如下左图所示。

步骤 10 再次打开"镜像"对话框，设置镜像轴为x，选中"不克隆"单选按钮，如下右图所示。

步骤11 操作完成后，将各餐具摆放在合理的位置，效果如下图所示。

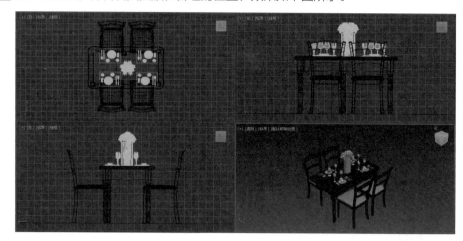

2.3.3 对象的对齐

对齐工具可以使所选对象与目标对象按某种条件实现对齐。3ds Max提供了6种不同的对齐方式，按住主工具栏中的"对齐"按钮不放，即可显示所有的列表，依次为对齐、快速对齐、法线对齐、放置高光、对齐摄影机、对齐到视图，其中"对齐"为最常用的对齐方式，如下左图所示。

在视口中选择源对象，单击工具栏中"对齐"按钮，将光标定位到目标对象上并单击，打开"对齐当前选择"对话框，设置相关参数，最后单击"确定"按钮，如下右图所示。

2.3.4 对象的捕捉

捕捉操作能够捕捉处于活动状态位置的3D空间的控制范围，而且有很多捕捉工具可用，可以用于激活不同的捕捉类型。与捕捉操作相关的工具按钮包括"捕捉开关"、"角度捕捉切换"、"百分比捕捉切换"和"微调器捕捉切换"。下面介绍各按钮的含义。

- 捕捉开关：包含3种捕捉模式，图标分别为、和，提供捕捉3D空间的控制范围内，处于活动状态的位置。
- 角度捕捉切换：用于切换确定多数功能的增量旋转，包括标准旋转变换。随着旋转对象或对象组，对象以设置的增量围绕指定轴旋转。
- 百分比捕捉切换：用于切换通过指定的百分比增加对象的缩放。

● **微调器捕捉切换**：用于设置 3ds max 2022 中所有微调器的单个单击所增加或减少的值。

在任一个捕捉按钮上右击，打开"栅格和捕捉设置"对话框，其中有"捕捉""选项"和"主栅格"三种常用的面板。

- ● **"捕捉"面板**：在该面板中可以选择捕捉对象，常对场景中的栅格点、顶点、端点、中点进行捕捉，如下左图所示。
- ● **"选项"面板**：在该面板中可以设置捕捉的角度值或百分比值，以及是否启用"捕捉到冻结对象"和"启用轴约束"等参数，如下中图所示。
- ● **"主栅格"面板**：在该面板中可以设置"栅格尺寸"等相关参数，如下右图所示。

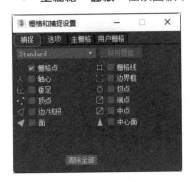 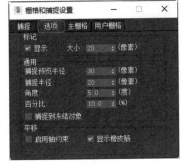 

2.4 场景对象的设置

在用户创建场景的过程中，除了需要熟练地使用变换工具外，还需对物体的对象属性进行设置，并通过成组对象或利用场景/层资源管理器等方式来管理场景对象，方便后续操作。

2.4.1 对象属性的设置

选择场景中的对象，单击鼠标右键，在弹出的四元菜单中选择"对象属性"命令，如下左图所示，就可以打开"对象属性"对话框，如下右图所示。

 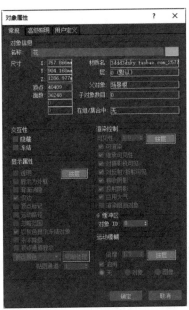

在该对话框中可以设置"对象信息"选项组中的对象名称、"交互性"选项组中的隐藏和冻结属性，以及"显示属性""渲染控制"和"运动模糊"选项组中的相关参数。

2.4.2　对象成组

在3ds Max中，将两个或多个对象组合成组后，即可将其视为单个对象或一个整体来变换和修改。在创建的组中，所有的组成员都被严格链接至一个不可见的虚拟对象上。用户选择两个或多个对象后，在菜单栏中执行"组>组"命令，如下左图所示。在打开的"组"对话框中设置组名，即可完成组的创建，如下右图所示。

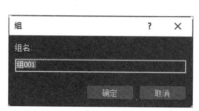

在"组"菜单中还包含解组、打开、关闭、附加和分离等命令，其含义如下。

- **解组：**可将当前组分离为其组件对象或组。
- **打开：**可暂时对组进行解组，并访问组内的对象。
- **关闭：**可重新组合打开的组。
- **附加：**可使选定对象成为现有组的一部分。
- **分离：**可从对象的组中分离选定对象。
- **炸开：**解组组中的所有对象。它与"解组"命令不同，后者只解组一个层级。
- **集合：**在其级联菜单中提供了用于管理集合的命令。

2.4.3　场景/层资源管理

用户可以通过场景或层资源管理器来整体把控和管理场景中的对象，单击主工具栏中的"切换场景资源管理器""切换层资源管理器"按钮，可以分别打开"场景资源管理器""层资源管理器"面板。

在场景或层资源管理器中，用户可以创建层、激活层、嵌套层、重命名层，在层之间移动对象，按照对象类型显示或隐藏名称列表，按层将对象进行冻结、隐藏、可渲染等属性的设置。

知识延伸：空间坐标系统

在主工具栏中单击"参考坐标系"下三角按钮，列表中包括3ds Max提供的9种参考坐标系，包括视图、屏幕、世界、父对象、局对象、局部和栅格等。

（1）视图坐标系

"视图"为默认的坐标系，在所有正交视口中的x轴、y轴和z轴都相同，其中x轴始终朝右，y轴始终朝上，z轴始终垂直水平面。使用该坐标系移动对象时，会相对于视口空间移动对象，右上图为视图坐标系示意图。

（2）屏幕坐标系

选择"屏幕"选项，将活动视口屏幕用作坐标系参考。在屏幕坐标系中，坐标取决于其方向的活动视口，所以非活动视口中三轴架上x、y和z显示当前活动视口的方向。右下图为屏幕坐标系示意图。

（3）世界坐标系

无论在哪个视口，使用"世界"坐标系时，坐标轴都固定不变。

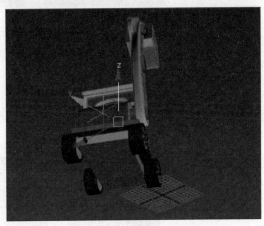

（4）父对象坐标系

选择"父对象"选项，将使用选定对象父对象的坐标系。如果对象未连接至特定对象，则其为世界坐标系的子对象，其父坐标系与世界坐标系相同。

（5）局部坐标系

局部坐标系使用选定对象的坐标系，对象的局部坐标系由其轴点支撑。使用"层次"命令面板中的选项，可以相对于对象调整局部坐标系的位置和方向。

（6）万向坐标系

万向坐标系与Euler XYZ旋转控制器一同使用。它与局部坐标系类似，但其3个旋转轴之间互相不一定成直角。

使用局部和父对象坐标系围绕一个轴旋转时，会更改两个或3个Euler XYZ轨迹。但万向坐标系可避免这个问题，因为它是围绕一个轴的Euler XYZ旋转，仅更改该轴的轨迹，这使得曲线编辑功能更为便捷。

对于移动和缩放变换，万向坐标系与父对象坐标系相同。如果没有为对象指定Euler XYZ旋转控制器，则万向旋转与父对象旋转相同。

（7）栅格、工作和拾取坐标系

栅格坐标系表示使用活动栅格的坐标系。使用工作坐标系时，无论工作支点是否被激活，都将以坐标系的工作支点为参考坐标。选择"拾取"选项，选择变换使用其坐标系的单个对象时，对象名称会显示在"变换坐标系"列表中，同时使用该对象的坐标系。

上机实训：制作魔方模型

魔方是很多儿童和成年人的益智玩具之一，它的6个面通常由红、黄、蓝、绿、白和橙六种颜色组成，各个时期和地方的版本会有区别。下面将通过本章所学的内容，使用3ds Max制作魔方模型。

扫码看视频

步骤 01 打开3ds Max应用程序，在"创建"命令面板中单击"标准基本体"下三角按钮，在列表中选择"扩展基本体"选项，单击"切角长方体"按钮，如下左图所示。

步骤 02 在"透视"视口中绘制长方体，在"参数"卷展栏中设置长方体的"长度""宽度"和"高度"均为20mm，"圆角"为1mm，"圆角分段"为3，如下右图所示。

步骤 03 为了方便制作，可全屏显示，并按F3功能键以线框形式显示。单击工具栏中"捕捉开关"按钮，在打开的"栅格和捕捉设置"对话框中只勾选"顶点"复选框，如下左图所示。

步骤 04 在"创建"命令面板中切换至"标准基本体"，在"对象类型"卷展栏中单击"长方体"按钮，如下中图所示。

步骤 05 沿着左上角最内侧顶点向右下角绘制长方体，使其覆盖长方体最内侧部分，此时不需要考虑高度的值，如下右图所示。

步骤 06 保持绘制长方体为选中状态，在"创建"命令面板的"参数"卷展栏中可见"长度"和"宽度"均为18mm，设置"高度"为1mm，如下左图所示。

步骤 07 按F3功能键切换至默认明暗处理，可见创建的长方体贴在正的切长方体的一个面上，如下右图所示。接下来需要将长方体分别贴在其他5个面上。

步骤 08 按F键切换至前视图，因为需要使用捕捉功能，再按F3功能键切换至线框模式。按W键使用"选择并移动"工具，选择上方长方体，按住Shift键向下拖拽Y轴，在打开的"克隆选项"对话框中选中"复制"单选按钮，单击"确定"按钮，如下左图所示。

步骤 09 保持"捕捉开关"为激活状态，调整复制的长方体与正方体的下面贴合，效果如下中图所示。

步骤 10 将长方体旋转90度，并移到左右两侧，为了旋转更精确，设置"角度捕捉切换"为90度。右击工具栏中"角度捕捉切换"按钮，打开"栅格和捕捉设置"对话框，切换至"选项"选项卡，设置"角度"为90度，如下右图所示。

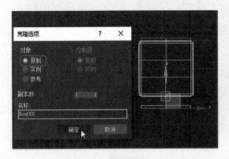 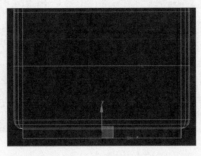 

步骤 11 设置完成后，单击工具栏中"选择并旋转"按钮，按住Shift键将长方体沿y轴旋转90度，弹出"克隆选项"对话框，选中"复制"单选按钮，单击"确定"按钮，如下左图所示。

步骤 12 切换至"选择并移动"工具，将旋转的长方体移到右侧，并根据捕捉贴合在正方体上，如下右图所示。然后再复制移到正方体的左侧。

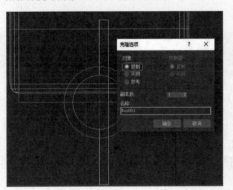 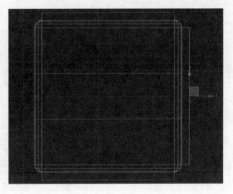

步骤 13 目前只有前后没有长方体了，按T键切换至顶视图，旋转两侧任意长方体，并移到顶和底的部分贴合正方体，效果如下左图所示。

步骤 14 至此，6个面全部制作完成，按F3功能键在"默认明暗处理"中查看效果，如下右图所示。

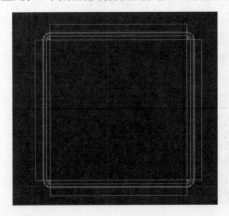 

步骤 15 选择任意长方体，在"创建"命令面板的"几何体"的"名称和颜色"卷展栏中单击颜色色块，打开"对象颜色"对话框，选择红色，单击"确定"按钮，如下左图所示。

步骤 16 根据相同的方法为其他长方体填充颜色，将正方体填充浅白色，效果如下右图所示。

步骤 17 选择全部几何体，在菜单栏中执行"工具>阵列"命令，如下左图所示。

步骤 18 打开"阵列"对话框，在"阵列维度"区域选中3D单选按钮，将"数量"都设置为4，设置x、y和z的值均为20.2mm，单击"确定"按钮，如下右图所示。

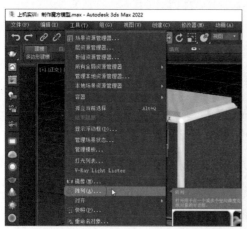
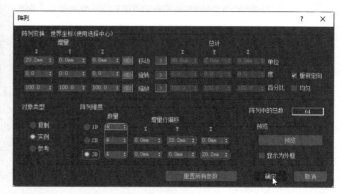

步骤 19 操作完成后，4×4的魔方制作完成，如下图所示。

课后练习

一、选择题

（1）在3ds Max中打开"从场景选择"对话框，可以使用快捷键（   ）。

    A. W键   B. M键

    C. H键   D. R键

（2）在3ds Max中除执行"文件>打开"命令，还可以按（   ）快捷键打开文件。

    A. Ctrl+O   B. Ctrl+N

    C. Shift+O   D. Shift+N

（3）右键单击主工具栏上的"捕捉开关"按钮，可打开（   ）对话框。

    A. 镜像   B. 对齐当前选择

    C. 阵列   D. 栅格和捕捉设置

（4）复制关联物体的选项是（   ）。

    A. 复制   B. 参考

    C. 实例   D. 克隆

二、填空题

（1）在3ds Max中，进行区域选择对象时，除窗口类型外还有_____类型。

（2）在主工具栏中，共有_____、_____、_____和_____4个捕捉按钮。

（3）在3ds Max中，按_____键使用"选择并移动"工具。

三、上机题

    在3ds Max中使用标准基本体结合本章所学对象的操作功能可以制作简单的模型，例如绘制茶几模型。首先绘制管状体和圆柱体，制作小的圆形茶几，使用到捕捉、移动、镜像和复制功能，效果如下左图所示。再使用管状体、长方体和圆柱体，制作大的圆茶几，使用到捕捉、移动、镜像、对齐等功能，效果如下右图所示。

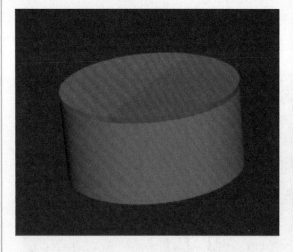

3+☑ 第3章　几何体建模

本章概述

本章主要介绍在3ds Max中几何体的创建方法，例如标准基本体、扩展基本体和复合对象等。通过本章学习可以熟练创建基本模型，为以后3ds Max的学习打下基础。

核心知识点

❶ 熟悉"创建"命令面板
❷ 掌握标准基本体和扩展基本体
❸ 掌握复合对象中布尔的应用
❹ 了解创建建筑对象

3.1　创建命令面板

创建命令面板中包括几何体、图形、灯光、摄影机、辅助对象、空间扭曲和系统7个类型，如下图所示。

- **几何体**：几何体是最基本的模型类型，其中包括多种类型，如标准基本体、扩展基本体等。
- **图形**：图形是二维的线，包括样条线和NURBS曲线，样条线中还包含多种类型。
- **灯光**：灯光可以照亮场景，并且可以增加真实感。
- **摄影机**：摄影机提供场景视图，可在摄影机位置设置动画。
- **辅助对象**：辅助对象有助于构建场景。
- **空间扭曲**：可在围绕其他对象的空间中产生各种不同的扭曲效果。
- **系统**：可将对象、控制器和层次组合在一起，提供某种行为关联的几何体。

本章主要介绍创建面板中的几何体的应用，默认是"标准基本体"中的几何体，包括长方体、球体、圆环和管状体等，如下左图所示。如果要切换至其他几何体的类型，单击"标准基本体"右侧下三角按钮，在列表中选择即可，如下中图所示。选择不同的类型后，在"对象类型"卷展栏中显示不同的几何体按钮，例如选择"扩展基本体"，如下右图所示。

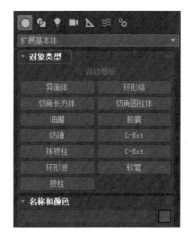

3.2 创建基本体

3ds Max 2022的几何基本体包含了多种创建类型，分别是标准基本体、扩展基本体、复合对象、粒子系统、面片栅格、实体对象、门、NURBS曲面、窗、AEC扩展、Point Cloud Objects、动力学对象、楼梯、Alembic和VRay等。

3.2.1 标准基本体

3ds Max中的标准基本体都是一些最基本、最常见的几何体，它包括长方体、圆锥体、球体、几何球体、圆柱体、管状体、圆环、四棱锥、茶壶、平面和加强型文本。

在"创建"命令面板中切换至"几何体"选项，默认的就是"标准基本体"。在视口中创建不同的标准基本体，设置的参数也不同。下面以长方体、圆锥体和管状体为例，介绍具体创建方法。

（1）长方体的创建

长方体的创建和圆柱体方法相同，首先在"创建"命令面板中单击"长方体"按钮，然后在任意视口中绘制，为了更真实地体现绘制的图形，一般在"透视"视口中绘制。按住鼠标左键绘制矩形，如下左图所示。然后释放鼠标左键，移动光标绘制长方体的高度，最后单击即可完成长方体的绘制，如下右图所示。

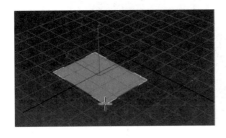 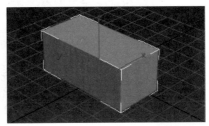

在"创建"命令面板下方的"参数"卷展栏中可设置长方体的参数，如右图所示。

- **长度、宽度、高度**：设置长方体对象的长度、宽度、高度。
- **长度分段、宽度分段、高度分段**：每个轴的分段数量会影响到模型的修改以及面数。
- **生成贴图坐标**：生成将贴图材质应用于长方体的坐标。
- **真实世界贴图大小**：控制应用该对象的纹理贴图材质所使用的缩放方法。

（2）圆锥体的创建

圆锥体的创建和长方体稍有不同，首先绘制圆形，然后移动光标调整圆锥体的高度，最后再调整上方半径的大小。可以绘制下左图所示的圆锥体。其参数如下右图所示。

- **半径1、半径2、高度**：半径1为底圆半径，半径2为上圆半径，高度为圆锥体的高。
- **高度分段、端面分段**：每个轴的分段数量会影响到模型的修改以及面数。
- **边数**：设置的数值越大，圆的边越平滑。
- **启用切片**：勾选该复选框后，激活切片起始位置和切片结束位置，可以对圆锥体从上到下进行切割，只保留设置的部分，如下图所示。

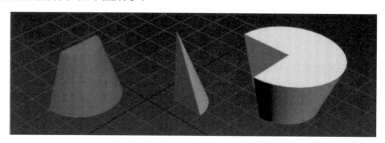

（3）管状体的创建

管状体包括两个半径，同时也具有一定的高度，所以首先绘制一个圆，然后移动光标确定其厚度，最后再移动光标确定其高度。管状体的参数和圆锥体相似，效果如下图所示。

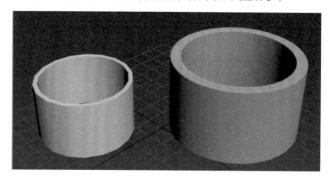

3.2.2 扩展基本体

扩展基本体包括3ds Max中较为复杂的基本体，包括异面体、环形结、切角长方体、切角圆柱体、油罐、胶囊、纺锤、L-Ext（L形挤出）、球棱柱、C-Ext（C形挤出）、环形波、软管和棱柱，如右图所示。

（1）异面体的创建

在面板中单击"异面体"按钮后，在"参数"卷展栏的"系列"区域中选择"异面体"的类型，然后在视口中按住鼠标左键拖拽即可，如下左图所示。"参数"卷展栏中各参数如下中图、下右图所示。

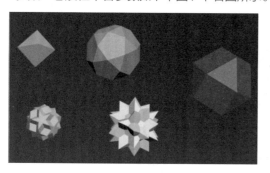

- **系列：** 使用该组可以选择要创建的多面体类型。
- **系列参数P、Q：** 为多面体顶点和面之间提供两种方式变换的关联参数。
- **轴向比率P、Q、R：** 控制多面体一个面反射的轴。

（2）圆环结的创建

可以通过在正常平面中围绕3D曲线绘制2D曲线，创建复杂或带结的环形。效果图和"参数"卷展栏，如下图所示。

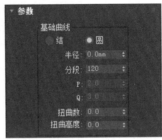

- **结/圆：** 使用结时，环形将基于其他各种参数自身交织。使用圆时，可以出现围绕圆形的环形结效果。
- **P、Q：** 描述上下（P）和围绕中心（Q）的缠绕数值。
- **扭曲数/扭曲高度：** 设置曲线周围的星形中的点数和扭曲的高度。
- **偏心率：** 设置横截面主轴与副轴的比率。
- **扭曲：** 设置横截面围绕基础曲线扭曲的次数。

油罐、胶囊和纺锤等都是圆柱的扩展几何体，很显然这一类几何模型被称为扩展基本体的原因，在于它们都是由标准基本体演变而来的。

（3）切角长方体的创建

切角长方体可以创建具有倒角或圆形边的长方体，常用来创建沙发等模型。在视口中创建切角长方体后，可以在"参数"卷展栏中设置"圆角"的参数，使长方体的边变圆滑，如下左图所示。"参数"卷展栏如下右图所示。

3.2.3 复合对象的创建

在3ds Max中，用户可以将现有的两个或多个对象组合成单个新对象，用于组合的现有对象既可以是二维图形也可以是三维对象，而组合成的新对象即为它们的复合对象。复合对象建模命令包括变形、散布、一致、连接、水滴网格、图形合并、地形、放样、网格化、ProBoolean（超级布尔）、ProCutter（超级切割）和布尔，如下左图所示。

其中布尔、放样及图形合并较为常用，下面详细介绍这3种的具体使用方法。

（1）图形合并

图形合并工具可以将图形快速添加到三维模型表面，其参数面板如下中图和下右图所示。

下面介绍各参数的含义。

- **拾取图形**：单击该按钮，然后单击要嵌入网格对象中的图形即可。
- **参考/复制/移动/实例**：选择如何将图形传输到复合对象中。
- **运算对象**：在复合对象中列出所有的操作对象。
- **删除图形**：从复合对象中删除选中的图形。
- **提取运算对象**：提取选中操作对象的副本或实例。在列表窗中选择操作对象可使用此按钮。
- **实例/复制**：指定如何提取操作对象，可以作为实例或副本进行提取。
- **饼切**：切去网格对象曲面外部的图形。
- **合并**：将图形与网格对象曲面合并。
- **反转**：反转"饼切"或"合并"效果。
- **更新**：当选中"始终"之外的任意选项时，更新显示。

（2）布尔

布尔运算是将两个或两个以上对象进行并集、交集、差集、合并、附加、插入等运算，从而得到一个新的复合对象，布尔对象有"布尔参数"和"运算对象参数"两个参数卷展栏，如下左图和下右图所示。

其参数面板,各参数含义如下。

"布尔参数"卷展栏可进行运算对象的添加、移除等相关操作,用户执行布尔运算后,单击"添加运算对象"按钮,接着在视口中单击对象,即可将其添加到复合对象中,而在"运算对象"列表中选择对象名称后,单击"移除运算对象"按钮,即可将其移除。

- **并集:**将运算对象相交或重叠的部分删除,并执行运算,对象的体积合并,如下左图所示。
- **交集:**将运算对象相交或重叠的部分保留,删除其余部分,如下中图所示。
- **差集:**从基础(最初选定的)对象中移除与运算对象相交的部分,如下右图所示。

- **合并:**将运算对象相交并组合,不移除任何部分,只是在相交对象的位置创建新边。
- **附加:**将运算对象相交并组合,既不移除任何部分,也不在相交的位置创建新边,各对象实质上是复合对象中的独立元素。
- **插入:**从运算对象 A(当前结果)减去运算对象 B(新添加的操作对象)的边界图形,运算对象B的图形不受此操作的影响。
- **盖印:**启用此选项可在操作对象与原始网格之间插入(盖印)相交边,而不移除或添加面。

实战练习 利用布尔创建奶酪模型

我们学习了复合对象中的布尔,接下来将应用布尔的"差集"制作奶酪模型。下面介绍具体操作方法。

步骤01 打开3ds Max应用程序,绘制切角圆柱体,设置半径为80mm,高度为60mm,圆角为4mm,圆角分段为4,边数为40,勾选"启用切片"复选框,设置切片起始位置为48,如下左图所示。

步骤02 设置切角圆柱体的颜色为黄色。在"标准基本体"中单击"球体"按钮,在奶酪模型上绘制大小不一的球体,如下右图所示。

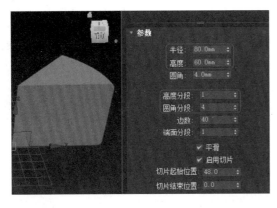 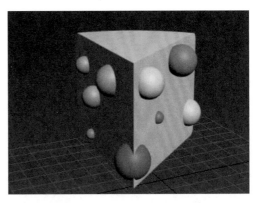

步骤03 选择所有模型(按住Alt键单击奶酪模型即可取消选择),切换至"修改"命令面板,单击"修改器列表"下三角按钮,在列表中选择"噪波"选项,如下左图所示。

步骤04 在"参数"卷展栏中设置"强度"中"X、Y和Z"的值均为5mm，调整"噪波"中"比例"的值为12，可见选中的球体实现了适当的变形，如下右图所示。

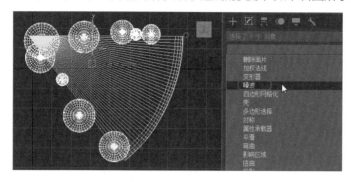 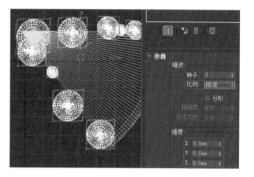

步骤05 选择奶酪模型，在"创建"命令面板的"几何体"中设置为"复合对象"，在"对象类型"卷展栏中单击"布尔"按钮，单击"差集"按钮，然后再单击"添加运算对象"按钮，在视口中依次选择球体，如下左图所示。

步骤06 在"透视"视口中查看制作奶酪模型的效果，如下右图所示。

 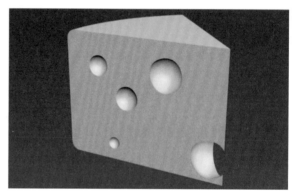

（3）放样

放样是将参与操作的某一样条线作为路径，其余样条线作为放样的横截面或图形，从而在图形之间生成曲面，创建出一个新的复合对象。

执行放样操作之前，必须创建出作为放样路径或横截面的图形，选择其一来执行操作。放样对象的参数卷展栏包括"创建方法""曲面参数""路径参数"和"蒙皮参数"，如右图所示。

- **创建方法**：确定使用图形还是路径创建放样对象，以及指定路径或图形转换为放样对象的方式。
- **曲面参数**：控制放样曲面的平滑度，以及指定是否沿着放样对象应用纹理贴图等。
- **路径参数**：控制在路径的不同位置插入不同的图形。
- **蒙皮参数**：调整放样对象网格的复杂性，还可通过控制面数来优化网格。

3.2.4 创建建筑对象

在"创建"面板的"几何体"中，3ds Max除了提供几何基本体外，还提供了一系列建筑对象，可用于一些项目模型的构造块。这些对象包括门、窗、楼梯和AEC 扩展（植物、栏杆和墙）。用户可以在"创建"面板中单击"几何体"按钮，在几何体类型列表中选择相应选项，即可打开相应的面板，下图所示分别为门、窗、楼梯和AEC的扩展面板。

（1）门

在3ds Max中，使用预置的门模型可以控制门的外观细节，还可以将门设置为打开、部分打开或关闭状态，也可为其设置打开的动画。"门"类别包括"枢轴门""推拉门"和"折叠门"三种类型。

（2）窗

3ds Max提供了6种类型的窗，分别为"遮篷式窗""平开窗""固定窗""旋开窗""伸出式窗"和"推拉窗"。用户可以控制窗口外观，将窗设置为打开、部分打开或关闭状态，以及设置打开的动画等。

（3）楼梯

在3ds Max中，用户可以创建4种不同类型的楼梯，分别是"直线楼梯""L 型楼梯""U 型楼梯"和"螺旋楼梯"。

（4）AEC扩展

"AEC扩展"对象在建筑、工程和构造领域使用广泛，包括"植物""栏杆"和"墙"三类，用户可以使用"植物"来创建植物，使用"栏杆"来创建栏杆和栅栏，使用"墙"来创建墙。

 ## 知识延伸：自动栅格的作用

当我们创建几何体时，在"创建"命令面板的"几何体"选项中，各工具按钮上方显示"自动栅格"复选框。只有我们单击"几何体"的按钮后，该复选框才被激活。

使用"自动栅格"时，该功能会基于最初单击的面的法线，生成并激活一个临时构造平面。在视口中创建长方体，然后单击"圆柱体"按钮，并勾选"自动栅格"复选框。绘制的圆柱体，会贴在长方体上方，如下左图所示。

如果绘制的几何体有切角，则在切角处自动栅格后，再绘制几何体时，会与平滑状态的曲面相切，临时构造平面，而面不是曲面的实际面，如下右图所示。

上机实训：制作圆凳模型

本章介绍了3ds Max中几何体的创建，下面通过制作圆凳模型进一步巩固所学的内容。本实例使用到标准基本体中的圆环、扩展基本体中的胶囊和切角圆柱体，以及复合对象中的布尔功能。下面介绍具体操作方法。

扫码看视频

步骤 01 打开3ds Max应用程序，在"创建"命令面板中单击"标准基本体"中的"圆环"按钮，在视口中绘制圆环，修改半径1为300mm，半径2为10mm，分段为40，如下左图所示。这里设置的是圆凳底座的圆模型，用户可以根据自己的需求设置相关参数。

步骤 02 切换至"扩展基本体"，单击"胶囊"按钮，在视口中绘制胶囊，在"参数"卷展栏中设置半径为10mm，高度为350mm，效果如下右图所示。

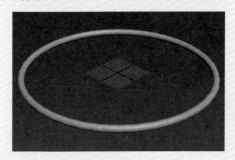

步骤 03 按W键激活"选择并移动"工具，选择胶囊模型，单击工具栏中"对齐"按钮，接着在视口中再单击"圆环"模型，在打开的对话框中勾选"X位置""Y位置"和"Z位置"复选框，在"当前对象"和"目标对象"区域均选中"中心"单选按钮，如下左图所示。

步骤 04 操作完成后，胶囊位于圆的x轴、y轴和z轴的中心位置，如下右图所示。接下来需要将胶囊模型与圆环的边对齐。

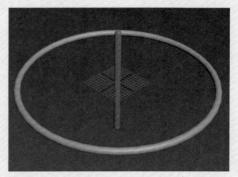

步骤 05 选择胶囊模型，单击"对齐"按钮，再单击圆环模型，在打开的对话框的"对齐位置"区域勾选"X位置"复选框，在"当前对象"和"目标对象"区域均选中"最小"单选按钮，最后单击"确定"按钮，如下左图所示。

步骤 06 操作完成后，胶囊模型位于圆环模型的边缘上，如下右图所示。接下来还需要将胶囊的下边与圆环的下边对齐。

 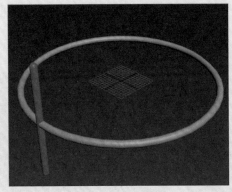

步骤 07 根据以上操作再次打开"对齐当前选择"对话框，设置对齐位置为"Z位置"，"当前对象"和"目标对象"均为"最小"，此时胶囊的底与圆环的底重合，如下左图所示。

步骤 08 接下来将胶囊向圆环内倾斜。在主工具栏中右击"角度捕捉切换"按钮，在打开的"栅格和捕捉设置"对话框中设置"角度"为10度，如下右图所示。

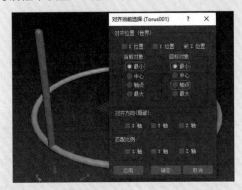 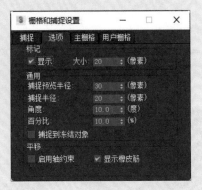

步骤 09 激活"角度捕捉切换"和"选择并旋转"按钮，选择胶囊模型，沿着Y轴顺时针旋转10度，效果如下左图所示。

步骤 10 选择胶囊模型，切换至"层次"命令面板，在"调整轴"卷展栏中单击"仅影响轴"按钮，如下右图所示。

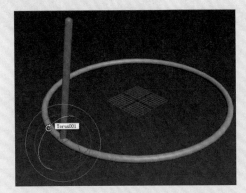 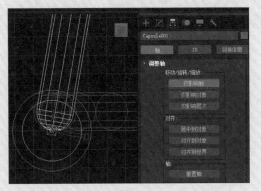

步骤11 单击主工具栏中"对齐"按钮，在"顶"视图中单击圆环模型，在打开的对话框中勾选"X位置""Y位置"和"Z位置"复选框，并选择"轴点"单选按钮，如下左图所示。

步骤12 操作完成后，胶囊和圆环的轴心点对齐了，接着再次单击"仅影响轴"按钮，效果如下中图所示。

步骤13 接下来将胶囊均匀地复制到圆环上。圆环的一圈是360度，需要复制4份，所以每个胶囊之间是90度，右击"角度捕捉切换"按钮，在打开的对话框中设置"角度"为90度，如下右图所示。

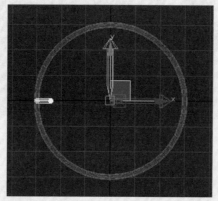
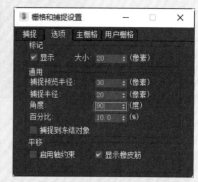

步骤14 激活"角度捕捉切换"和"选择并旋转"按钮，在"顶"视图中沿着Z轴方向，按住Shift键进行旋转，如下左图所示。

步骤15 释放鼠标左键，在打开的对话框中选中"实例"单选按钮，设置"副本数"为3，单击"确定"按钮，如下中图所示。

步骤16 可见在圆环四周均匀地复制了3份胶囊模型，效果如下右图所示。

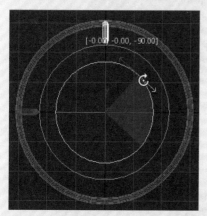

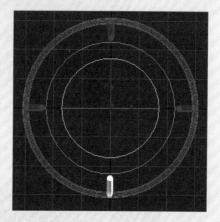

步骤17 选中圆环模型，锁定Z轴，按住Shift键移动圆环模型，在打开的对话框中选中"复制"单选按钮，单击"确定"按钮，如下左图所示。

步骤18 选择复制的圆环模型，在"修改"命令面板中修改"半径1"为240mm，在状态栏中修改Z轴的坐标为330mm，在左视图查看效果，如下右图所示。

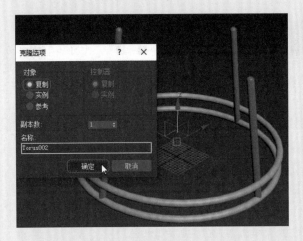 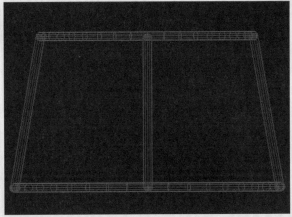

步骤19 选择下方圆环模型，在"创建"命令面板中切换至"复合对象"，单击"布尔"按钮，保持"并集"为激活状态，单击"添加运算对象"按钮，如下左图所示。

步骤20 在视口中依次单击4个胶囊模型，根据相同的方法为上方圆环与胶囊进行并集运算，设置颜色为深橙色，效果如下右图所示。

 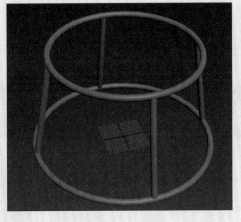

步骤21 添加切角圆柱体，设置半径为300mm、高度为150mm、圆角为6mm、边数为40。在状态栏中设置X轴和Y轴的坐标均为0，Z轴为340mm。适当修改切角圆柱体的颜色，最终效果如下图所示。

课后练习

一、选择题

（1）在3ds Max中，以下选项属于"标准基本体"工具的是（　　）。

A. 几何球体　　　　　　　　　　B. 软管

C. 胶囊　　　　　　　　　　　　D. 布尔

（2）在3ds Max中创建圆锥体模型，（　　）可以设置圆锥体底圆的半径。

A. 半径　　　　　　　　　　　　B. 高度

C. 半径1　　　　　　　　　　　D. 边数

（3）布尔运算中的（　　）将运算对象相交或重叠的部分保留，并删除其余部分。

A. 合并　　　　　　　　　　　　B. 差集

C. 并集　　　　　　　　　　　　D. 交集

二、填空题

（1）在3ds Max中，创建圆形模型时，要想让边缘更平滑可增加_____数值。

（2）布尔运算包括_____、_____、_____、_____、_____和_____，共6种运算。

三、上机题

下面使用本章所学的内容制作骰子的模型，主要使用切角长方体和球体，并结合布尔运算中的"差集"功能。效果如下图所示。

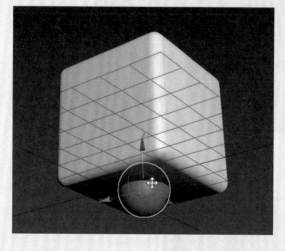 

高级建模

本章概述
本章主要介绍在3ds Max中的几种高级建模方式，包括样条线建模、修改器建模和可编辑对象建模。通过本章学习，读者可以更加全面地掌握建模的方法，创建更复杂的模型。

核心知识点
❶ 掌握样条线建模
❷ 掌握修改器建模
❸ 掌握可编辑对象建模
❹ 了解NURBS建模

4.1 样条线建模

样条线是二维的图形，它是一条没有深度的连续线，可以是开放的，也可以是封闭的。

在"创建"命令面板的"图形"选项卡中默认的就是"样条线"，其中还包括NURBS曲线、复合图形、扩展样条线和Max Creation Graph等，如下左图所示。

样条线是默认的图形类型，其中包括13种样条线类型，常用的有线、矩形、圆、多边形、文本等，如下右图所示。

下面介绍样条线各类型的含义。

● **线**：可以创建直线或弯曲的线，可以是闭合的图形，也可以是开放的图形。

● **矩形**：用于创建矩形图案。

● **圆**：用于创建圆形图案。

● **椭圆**：用于创建椭圆形图案。

● **弧**：用于创建弧形图案。

● **圆环**：用于创建圆环形图案。

● **多边形**：用于创建多边形图案，例如三角形、四边形、五边形和六边形等。

● **星形**：用于创建星形图案，还可以设置星形的点数和圆角。

● **文本**：用于创建文字。

● **螺旋线**：用于创建很多圈的螺旋线图案。

● **卵形**：用于创建类似蛋形图案。

● **截面**：一种特殊类型的样条线，可以通过几何体对象基于横截面切分生成图形。

● **徒手**：以手绘的方式绘制更灵活的线。

4.1.1 线

使用线工具可以绘制任意效果的线，例如直线、曲线等。绘制的线不仅可以绘制二维图形，还可以将其修改为三维效果，或应用于其他建模方式。在命令面板中单击"线"按钮，在下方会显示关于线的卷展栏，其中包含渲染、插值、创建方法等，如下左图所示。

（1）"创建方法"卷展栏

创建线之前，可以根据绘制线的需要在"创建方法"卷展栏中选择绘制的效果，该卷展栏如下右图所示。

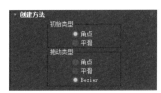

在"初始类型"中默认为选中"角点"单选按钮，在创建线时是折角的效果，如下左图所示。如果在绘制线之前选中"平滑"单选按钮，创建的线都是平滑的效果，特别是在拐角处，如下右图所示。

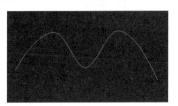

在"拖动类型"中选中"平滑"或Bezier单选按钮，绘制直线拐角时按住鼠标左键不放进行拖拽，可使拐角处平滑。如果选中"角点"单选按钮，则拖拽鼠标绘制的拐角处是角点效果。

（2）"渲染"卷展栏

在3ds Max中，创建线后，在"创建"命令面板的"渲染"卷展栏中进一步设置为三维效果。也可以在"修改"命令面板中展开"渲染"卷展栏。"渲染"卷展栏中相关参数如右图所示。

下面介绍"渲染"卷展栏中各参数的含义。

- **在渲染中启用：** 勾选该复选框后，在渲染时线会呈现三维效果。
- **在视口中启用：** 勾选该复选框后，样条线在视图中会显示三维效果。
- **径向：** 设置样条线的横截面为圆形。"厚度"用于设置样条线的直径；"边"用于设置样条线的边数；"角度"用于设置横截面的旋转位置。效果如下左图所示。
- **矩形：** 设置样条线的横截面为矩形。"长度"用于设置沿局部Y轴的横截面大小；"宽度"用于设置沿局部X轴的横截面面积大小；"角度"用于调整视图或渲染器中的横截面的旋转位置；"纵横比"用于设置矩形横截面的纵横比。效果如下右图所示。

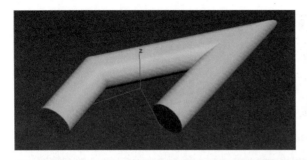 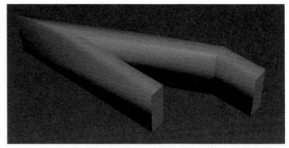

提示：绘制直线的技巧

在视图中绘制直线时，只需要按住Shift键不放，单击确定第一个点，然后移动鼠标即可绘制水平或垂直方向上的直线。

（3）"插值"卷展栏

在"插值"卷展栏中通过设置步数可以设置绘制图形的圆滑程度。默认设置步数为6，其卷展栏各参数如下左图所示。

下面介绍"插值"卷展栏中各参数的含义。

● **步数**：数值越大，图形越圆滑。下右图左侧步数为2，右侧步数为20。

 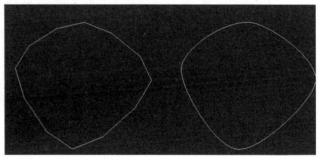

● **优化**：勾选该复选框，可从样条线的直线线段中删除不需要的步数。
● **自适应**：勾选该复选框，会自适应设置每条样条线的步数，从而生成平滑的曲线。

4.1.2 矩形

使用矩形工具可以创建长方形、圆角矩形等，可以制作画像、镜子、茶几、沙发等。在"创建"命令面板中单击"矩形"按钮，在"顶"视图中按住鼠标左键拖拽绘制矩形，如下左图所示。通过"参数"卷展栏可以设置矩形的长度、宽度和角半径，如下右图所示。

在"参数"卷展栏中,以"长度"和"宽度"设置矩形的长和宽,设置"角半径"的值可以制作圆角矩形的效果。下图中左侧矩形的角半径为2mm,右侧矩形的角半径为10mm。

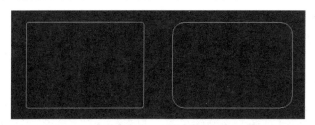

提示:圆、椭圆、弧、圆环、多边形和星形等

在3ds Max中绘制圆、椭圆、弧和圆环等图形时,绘制的方法和绘制矩形类似,可在"参数"卷展栏中设置参数,本书不再详细赘述。

4.1.3 文本

使用"文本"工具可以在3ds Max中创建文本。在命令面板中单击"文本"按钮后,在视图中单击即可创建一组文字,如下左图所示。"参数"卷展栏中各参数如下右图所示。

 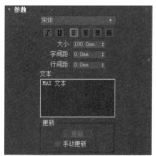

下面介绍"参数"卷展栏中各参数的含义。

- **字体**:单击右侧下三角按钮,在列表中显示电脑中所有安装的字体,直接选择即可设置字体。
- **斜体**:单击该按钮,可以设置文本为斜体。
- **下划线**:单击该按钮,可以为文本添加下划线。
- **对齐方式**:在3ds Max中包括左对齐、居中对齐、右对齐、分散对齐。默认的文本为左对齐,如下左图所示。分散对齐如下右图所示。
- **大小**:调整数值框中的数值可调整文本的高度,默认大小为100mm。

- **字间距**:设置文字之间的间距,默认是0mm。
- **行间距**:设置文本中行与行之间的间距,默认是0mm。
- **文本**:在该文本框中输入需要的文本,如果需要换行,按回车键。

实战练习 使用样条线制作罗马柱模型

本节主要学习了样条线建模，例如线、矩形的创建，下面通过制作罗马柱模型进一步巩固所学的内容。本实战主要使用线和矩形，以及"车削"修改器。下面介绍具体操作方法。

步骤 01 打开3ds Max，在"创建"命令面板中单击"线"按钮，在"前"视图中绘制罗马柱右侧的横截面，如下左图所示。

步骤 02 选择绘制的样条线，切换至"修改"命令面板，单击"修改器列表"右侧下三角按钮，在列表中选择"车削"选项，如下中图所示。

步骤 03 在"参数"卷展栏中设置"方向"为Y轴，在"对齐"区域中单击"中心"按钮，以Y轴为中心进行360度旋转，罗马柱的效果如下右图所示。

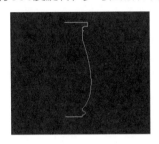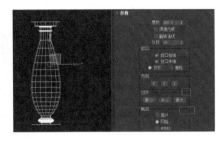

步骤 04 在"创建"命令面板中单击"矩形"按钮，在"顶"视图中绘制矩形，在"参数"卷展栏中设置"长度"和"宽度"均为50mm，"角半径"为10mm，效果如下左图所示。

步骤 05 在"修改"卷展栏中选择"挤出"修改器，设置"参数"卷展栏中的"数量"为20mm，如下右图所示。

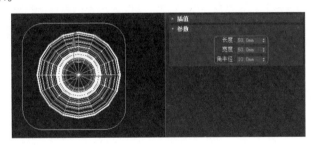

步骤 06 选择矩形，单击工具栏中"对齐"按钮，再单击罗马柱，在弹出的对话框中先设置在X位置、Y位置和Z位置上中心对齐，然后再设置在Z位置上，"当前对象"的"最小"和"目标对象"的"最大"对齐，如下左图所示。

步骤 07 选择矩形，按住Shift键在Z轴上移动，在弹出的"克隆选项"对话框中选择"实例"单选按钮，单击"确定"按钮，如下中图所示。

步骤 08 通过"对齐"功能，将复制的矩形与罗马柱的底部对齐，罗马柱的最终效果如下右图所示。

4.2 修改器建模

修改器建模是用于为模型或图形添加修改器并设置参数，从而产生新模型的建模方式。用户在利用"创建"面板创建好模型后，大多都需要到"修改"面板中进行修改。在"修改"面板中除了可以修改模型对象的原始创建参数外，用户还可以给对象添加修改器，从而创建出更为复杂生动的模型。

4.2.1 编辑修改器

模型创建完成后，单击"修改"面板，不仅可以对模型参数进行设置，还可以为其添加修改器。下图所示为某一样条线的修改面板，从上至下依次所示为对象的名称、颜色、修改器下拉列表、修改器堆栈、堆栈控件及各参数卷展栏。

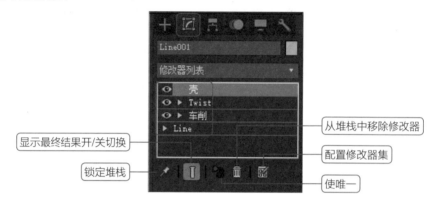

- **修改器列表：** 单击下拉按钮即可为选定对象添加相应修改器，随即该修改器将显示在堆栈中。
- **修改器堆栈：** 应用于对象的修改器将存储在堆栈中，在堆栈中单击某一修改器名称，即可打开相应的参数卷展栏。在堆栈中上下导航，可以更改修改器的效果，或者将某个修改器从对象中移除，或者可以选择"塌陷"堆栈，使更改一直生效。
- **锁定堆栈：** 激活该按钮后，即可将堆栈锁定到当前选定对象上，整个"修改"面板同时锁定到当前对象。无论后续选择如何更改，即使选择了视口中其他对象，修改面板也仍然生效于该对象。
- **显示最终结果开/关切换：** 激活该开关后，将在选定对象显示堆栈中所有修改完毕后出现的结果，与用户当前所在堆栈中的位置无关。禁用该开关后，对象将显示堆栈中的当前最新修改。
- **使唯一：** 将实例化修改器转化为副本，断开与其他实例之间的联系，从而将修改特定于当前对象。
- **从堆栈中移除修改器：** 在堆栈中选择相应的修改器，单击该按钮即可将其删除。
- **配置修改器集：** 单击该按钮，可以打开修改器菜单。

提示：修改器子对象层级的访问与操作

修改器除了自身的参数集外，一般还有一个或多个子对象层级，可以通过修改器堆栈访问。最常用的有Gizmo、轴和中心等，用户可以像编辑对象一样，对其进行移动、缩放和旋转操作，从而改变修改器的影响。

4.2.2 二维图形常用的修改器

在3ds Max中修改器主要分为两大类，分别为二维图形修改器和三维图形修改器。本节主要介绍在创建模型时常用的二维图形修改器，例如挤出、倒角、车削和倒角剖面。

（1）挤出

挤出修改器可以为二维图形对象增加一定的深度，并使其成为一个三维实体对象。该二维图形中的样条线得处于闭合状态，否则将挤出一个片面对象，而不是实体效果。

挤出修改器的"参数"卷展栏如右图所示。下面介绍各参数的含义。

- **数量**：设置挤出的深度。默认值为0，代表没有挤出；数值越大，挤出的厚度越大。
- **分段**：指定在挤出对象深度方向上线段的数目。
- **"封口"选项区域**：设定挤出的始端或末端是否生成平面，以及该平面的封口方式。
- **"输出"选项区域**：设定挤出对象的输出方式，有面片、网格和NURBS。
- **生成贴图坐标**：将贴图坐标应用到挤出对象中。
- **真实世界贴图大小**：控制应用于该对象的纹理贴图所使用的缩放方法。
- **生成材质 ID**：将不同的材质 ID 指定给挤出对象的侧面与封口。
- **使用图形 ID**：将材质 ID 指定给在挤出产生的样条线中的线段，或指定给在 NURBS 挤出产生的曲线子对象。
- **平滑**：将平滑效果应用于挤出图形。

（2）车削

车削修改器的原理是通过绕轴旋转一个图形来创建3D模型，常用来制作花瓶、罗马柱、玻璃杯等模型。车削修改器"参数"卷展栏如右图所示。下面介绍各参数的含义。

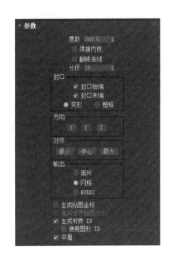

- **度数**：设置对象绕轴旋转的度数，范围为0至360，默认值是360。
- **焊接内核**：将旋转轴上的顶点焊接起来，从而简化网格。
- **翻转法线**：因图形上顶点的方向和旋转方向，旋转对象可能会内部外翻。切换"翻转法线"复选框可修复这个问题。
- **分段**：在起始点之间，设定车削出的曲面上插补线段的数量。
- **封口**：设置是否在车削对象内部创建封口及封口方式。
- **方向**：设置相对对象车削的轴点。旋转轴的旋转方向有x、y和z三种可供选择。
- **对齐**：将旋转轴与图形的最小、中心或最大范围进行对齐操作。
- **输出**：用于设置车削后得到的对象类型，有面片、网格和NURBS三种可供选择。

（3）倒角

倒角修改器将二维图形挤出为三维对象，同时在边缘应用直角或圆角的倒角效果。其操作与挤出命令相似，但其可以将图形挤出不同级别，并对每个级别指定不同的高度值和轮廓量。右图为倒角对象的"参数"和"倒角值"两个卷展栏。

- **"参数"卷展栏**：设置挤出对象的封口、封口类型、曲面、相交的相关参数。
- **"倒角值"卷展栏**：可以设置倒角的级别个数和各个级别不同的挤出高度、轮廓量等参数。

（4）倒角剖面

这是一个从倒角工具衍生出来的，要求提供一个截面路径作为倒角的轮廓线，有些类似放样命令，但是制作完成后，这条剖面线不能删除，否则制作的模型会一起被删除。倒角剖面修改器的"经典"或"改进"卷展栏，如右图所示。

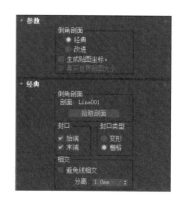

- **经典**：创建对象的传统方法，须有两个二维图形，一个作为路径即需要倒角的对象，另一个作为倒角的剖面（该剖面图形既可以是开口的样条线，也可以是闭合的样条线）。
- **改进**：只需一个图形即可，与倒角修改器类似，可以设置挤出的数量及分段数，还可以利用倒角剖面编辑器来编辑倒角处。
- **拾取剖面**：选中一个图形或NURBS曲线来用于剖面路径。

实战练习 利用倒角剖面修改器制作画框

本节介绍了二维图形修改器。在上一个实战练习中使用到车削和挤出修改器，本实战将使用倒角剖面修改器制作画框。下面介绍具体操作方法。

步骤 01 打开3ds Max，在"修改"命令面板中单击"矩形"按钮，然后在"前"视图中绘制矩形，设置"参数"卷展栏中的"长度"和"宽度"均为1200mm，如下左图所示。

步骤 02 在"创建"命令面板中单击"线"按钮，在"前"视图中绘制闭合的样条线，如下右图所示。

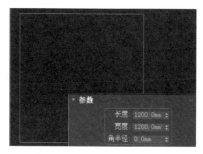 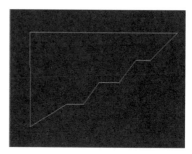

步骤 03 如果想使画框的边框宽一点，样条线可以绘制大一点，本案例绘制的是比较细的边框，矩形和样条线的比例如下左图所示。

步骤 04 选中矩形图形，在"修改"命令面板中选择"倒角剖面"修改器，在"参数"卷展栏中选中"经典"单选按钮，在"经典"卷展栏中单击"拾取剖面"按钮，如下右图所示。

步骤 05 在"前"视图中，按F3功能键切换为"默认明暗处理"查看画框的效果，如下左图所示。

步骤 06 绘制和矩形大小相同的平面，将准备好的画拖拽到平面中，最终效果如下右图所示。

4.2.3 三维图形常用的修改器

3ds Max还提供了一些常用于三维对象的修改器，是针对三维模型的。其中较常用的有弯曲、扭曲、锥化、壳、晶格、FFD和网格平滑等修改器。

（1）弯曲

弯曲修改器可以将当前选择对象围绕某一轴最多弯曲360度，允许在三个轴中的任何一轴向上控制弯曲的角度和方向，也可以对几何体的一部分限制弯曲，如右图所示。

- **角度：** 从顶点平面设置要弯曲的角度，范围为－999999至999999。下左图为原始效果，下中图为设置"角度"为90度的效果。
- **方向：** 设置弯曲相对于水平面的方向，范围为－999999至999999。下右图为"角度"90度时，"方向"为180的效果。

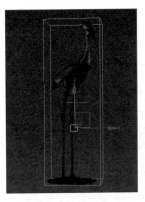 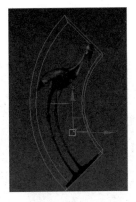 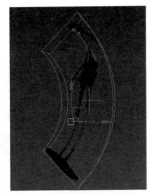

- **弯曲轴：** 指定要弯曲的轴，默认选择Z轴单选按钮。"角度"为90度，"方向"为180时，Y轴弯曲的效果如下左图所示。
- **"限制"组：** 勾选"限制效果"复选框可将限制约束应用于弯曲效果。"上限"或"下限"值以世界单位设置上部或下部边界，此边界位于弯曲中心点的上方或下方，超出此边界的弯曲不再影响几何体，范围为0至999999。当"角度"为90度，方向为180，沿Z轴弯曲，设置上限为5mm时，如下右图所示。

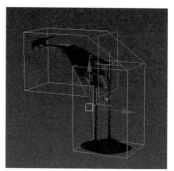

（2）扭曲

弯曲和扭曲修改器都可以对三维模型的外观产生较为明显的变化。扭曲修改器可以使几何体实现扭曲旋转的效果。扭曲修改器的"参数"卷展栏如下图1所示。

- **角度**：设置扭曲的角度。下图2为原始模型的效果，下图3为设置"角度"为90度的效果。
- **偏移**：使扭曲旋转在对象的任意末端聚团。下图4为设置"偏移"-50的效果。

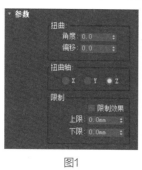

| 图1 | 图2 | 图3 | 图4 |

（3）晶格

晶格修改器将对象的线段或边转化为圆柱结构，并在顶点上产生可选的关节多面体。使用它可创建基于网格拓扑可渲染的几何体结构，也可作为获得线框渲染效果的另一种方法。其"参数"卷展栏中包括"几何体""支柱""节点"及"贴图坐标"选项组，如下左图所示。

- **支柱**：用于设置支柱圆柱的结构参数，包括半径、分段、边数等。下中图为设置"半径"2mm的效果，下右图为设置"半径"20mm的效果。

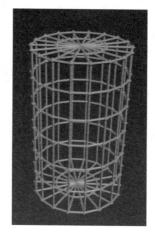

- **节点**：用来设置每个节点的类型等相关参数，包括半径、分段等。

（4）壳

用户默认创建的几何模型都是单面的、内部不可见的，若想要双面可见，可以为模型添加一组与现有面相反方向的额外面。而壳修改器可以为对象赋予厚度，来连接内部和外部曲面。在其参数卷展栏中，可以对内外部曲面，边的特性，材质ID以及边的贴图类型等参数进行相关设置，如下左图所示。

下面介绍相关参数的含义。

- **内部量/外部量**：控制向模型内或模型外产生厚度的数值。下中图为原始图形，下右图为设置"内部量"为2mm的效果。
- **倒角边**：勾选该复选框，并指定"倒角样条线"，3ds Max会使用样条线定义边的剖面和分辨率。
- **倒角样条线**：单击该按钮，然后选择打开样条线定义边的形状和分辨率。

（5）FFD（自由形式变形）

FFD修改器即自由形式变形修改器。使用该修改器可以创建出晶格框来包围选中的几何体，通过调整晶格的控制点，改变封闭几何体的形状。3ds Max提供了FFD2x2x2、FFD3x3x3、FFD4x4x4、FFD长方体和FFD圆柱体共5种自由形式变形修改器。

FFD2x2x2、FFD3x3x3和FFD4x4x4的"参数"卷展栏如下左图所示。FFD长方体的"参数"卷展栏如下中图所示。FFD圆柱体的"参数"卷展栏如下右图所示。

下面介绍"参数"卷展栏中主要参数的含义。

- **晶格**：该复选框默认为勾选状态，将绘制连接控制点的线条以形成栅格。
- **源体积**：控制点和晶格会以未修改的状态显示。
- **张力/连续性**：用于调整样条线的张力和连续性。
- **内部点**：仅控制受"与图形一致"影响的内部点。

- **外部点**：仅控制受"与图形一致"影响的外部点。
- **偏移**：受"与图形一致"影响的控制点偏移对象曲面的距离。

4.3 可编辑对象建模

在3ds Max中，可编辑对象包括可编辑样条线、可编辑多边形、可编辑网格和可编辑面片，利用这些可编辑对象，用户可以更加灵活自由地创建和编辑模型。每个可编辑对象都有一些子对象层级，这些子对象是构成对象的零件。用户如要获得更高细节的模型效果，可以对子对象层级直接进行变换、修改和对齐等操作。

3ds Max中的可编辑对象一般都不是直接创建出来的，需要进行相应的转换或者是塌陷操作，来将对象转换为可编辑对象，用户也可以为对象添加常用的编辑对象修改器，从而进行一些可编辑操作，主要的方法有以下三种：

（1）右键四元菜单转换

在对象上单击鼠标右键，在弹出的四元菜单的"变换"象限中执行"转换为：>转换为可编辑对象（网格、多边形、面片等）"命令，即可将选中的对象转换为可编辑对象，如下左图所示。

（2）右键单击堆栈中的基本对象

在对象的"修改"面板中，右键单击堆栈中的基本对象，在弹出的菜单中，选择"转换为"组的相应选项即可，如下中图所示。

（3）利用编辑修改器

使用上述两种方法后，3ds Max将用"可编辑对象"替换堆栈中的基本对象。此时，对象创建的原始参数将不复存在。如果仍然要保持创建参数，可以为对象添加相应的编辑修改器，就可以利用可编辑对象的各种控件来对对象进行可编辑操作，如下右图所示。

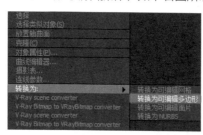

4.3.1 可编辑样条线

可编辑样条线是一种针对二维图形进行编辑操作的可编辑对象，它有顶点、线段和样条线3个子对象层级，如下左图所示。样条线和扩展样条线中的二维图形都可以转换为可编辑样条线进行对象或子对象层级操作，其中"样条线"下的"线"不需要转换，其本身就是可编辑的。

（1）各个卷展栏介绍

可编辑样条线的卷展栏较多，大致有"渲染""插值""选择""软选择""几何体"和"曲面属性"卷展栏等，如下右图所示。各个对象层级对应的参数卷展栏个数、卷展栏中的具体命令会有所差别，其中"几何体"卷展栏较为重要。

- **"渲染"卷展栏**：启用和关闭形状的渲染性，指定其在渲染时或视口中的渲染表现是"径向"或"矩形"及其渲染厚度、可应用贴图坐标等。
- **"插值"卷展栏**：样条线上的每个顶点之间的划分数量称为步长，在"插值"卷展栏中可以设置步长数，"步数"的值越大，曲线的显示越平滑。
- **"选择"卷展栏**：为启用或禁用不同的子对象模式、使用命名选择的方式和控制柄、显示设置以及所选实体的信息提供控件。
- **"软选择"卷展栏**：允许部分地选择显式选择相邻接处中的子对象，会使显式选择的行为就像被磁场包围了一样。在对子对象进行变换时，被部分选定的子对象会平滑地进行绘制。
- **"几何体"卷展栏**：提供了编辑对象层级和子对象层级的大部分功能。
- **"曲面属性"卷展栏**：只在"线段"和"样条线"子层级中存在，有"材质"选项组，可进行"设置ID""选择ID"和"清除所选内容"的相关操作。

（2）各卷展栏中的参数介绍

将二维图形转换为可编辑样条线后，在"修改"命令面板中展开"可编辑样条线"，例如选择"顶点"选项或者按数字1，即可进入"顶点"级别。

① "选择"卷展栏

在"选择"卷展栏中可以选择3种不同级别类型，还可以锁定控制柄和显示设置，其参数如右图所示。

- **顶点**：指线上的顶点。
- **分段**：指连接两个顶点之间的线段。
- **样条线**：一条或多条相边线段的组合。
- **复制**：将命名选择放置到复制缓冲区。
- **粘贴**：从复制缓冲区粘贴命名并进行选择。

② "软选择"卷展栏

在"软选择"卷展栏中，可以选择相邻接处中的子对象进行移动操作，使其产生过渡效果，其参数如右图所示。

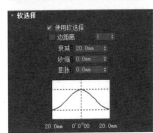

- **使用软选择**：勾选该复选框，才能激活该卷展栏中的功能。
- **边距离**：勾选该复选框，将选择限制到指定的面数。
- **衰减**：定义影响区域的距离。

- **收缩：** 沿着垂直轴提高并降低曲线的顶点。
- **膨胀：** 沿着垂直轴展开和收缩曲线。

③ "几何体"卷展栏

该卷展栏提供了用于所有对象层级或子对象层级更改图形对象的全局控件，这些控件在所有层级中的用法均相同，只是在不同层级下，各控件启用的数目不尽相同，有的控件按钮处于灰度模式，表示未启用。这些具体的操作控件，需要用户在使用过程中慢慢熟悉。"几何体"卷展栏如右图所示。

"几何体"卷展栏包含编辑对象的大部分功能，常用参数有：

- **附加：** 将场景中的其他样条线附加到所选样条线。
- **优化：** 允许用户添加顶点，而不更改样条线的曲率值。
- **焊接：** 焊接选择的顶点，只要每对顶点在阈值范围内即可。
- **连接：** 在两个端点间生成一个线性线段。
- **插入：** 在线段的任意处可以插入顶点，以创建其他线段。
- **设为首顶点：** 指定所选形状中的某个顶点为第一个顶点。
- **熔合：** 将所有选定顶点移至它们的平均中心位置。
- **相交：** 在同一个样条线对象的两个样条线的相交处添加顶点。
- **圆角：** 允许在线段会合的地方设置圆角，添加新的控制点。
- **切角：** 可以交互式地或输入数值，设置形状角部的倒角。
- **轮廓：** 指定距离偏移量或交互式制作样条线的副本。
- **布尔：** 将选择的第一个样条线与第二个样条线进行布尔操作。
- **修剪/延伸：** 清理形状中重叠/开口部分，使端点接合在一点。

4.3.2 可编辑多边形

多边形建模是3ds Max中最为复杂的建模方式，该建模方式功能强大，可以进行较为复杂的模型制作。可编辑多边形提供了一种重要的多边形建模技术，它包含顶点、边、边界、多边形和元素5个子对象层级。可编辑多边形有各种控件，可以在不同的子对象层级中将对象作为多边形网格进行操纵。与三角面不同的是，多边形对象由包含任意数目顶点的多边形构成。

将模型转换为可编辑多边形的方法与转换为可编辑样条线方法一样，可以通过右键快捷菜单，或者在"修改"命令面板中右击堆栈中的基本对象，选择"转换为可编辑多边形"命令。

可编辑多边形在对象层级和5个子对象层级都有相应的修改面板，对应参数卷展栏的个数，卷展栏中的具体命令有所差别，其中"选择""软选择""编辑（子对象）""编辑几何体"和"绘制变形"卷展栏较为常用，如下图所示。

（1）"编辑几何体"卷展栏

"编辑几何体"卷展栏提供了用于所有子对象层级更改多边形对象几何体的全局控件，这些控件在所有层级中的用法均相同，只是在每种模式下各个控件启用的数目不尽相同，有的控件按钮处于灰度模式，表示未启用。主要参数介绍如下右图所示。

- **创建：** 创建新的子对象，其使用方式取决于活动的级别。
- **塌陷：** 将其顶点与选择中心的顶点焊接，使连续选定子对象的组产生塌陷，对象层级和"元素"子层级不启用。

- **附加：** 将场景中的其他对象附加到选定多边形对象的元素层级上。

- **分离：** 仅限于子对象层级，将选定的子对象和关联的多边形分隔为新对象或元素。

- **切割和切片组：** 这些类似小刀的工具可以沿着平面（切片）或特定区域（切割）细分出多边形网格。

- **网格平滑：** 使用当前设置平滑对象，此命令使用的细分功能，与"网格平滑"修改器中类似。

- **细化：** 单击其后的"设置"按钮，设置细分对象中的所有多边形。

- **隐藏系列按钮：** 仅在顶点、多边形和元素层级启用，根据情况来隐藏或显示一定数量的子对象。

（2）"编辑（子对象）"卷展栏

"编辑（子对象）"卷展栏提供了编辑相应子对象特有的功能，用于编辑对象及其子对象，包括"编辑顶点""编辑边""编辑边界""编辑多边形"和"编辑元素"卷展栏，如下图所示。

在这些"编辑（子对象）"卷展栏中，常用命令参数介绍如下。

- **插入顶点：** 启用"插入顶点"后，单击某边即可在该位置处添加顶点，从而手动细分可视的边。

- **移除：** 删除选定的点或边，并接合起使用它们的多边形，等同键盘按键"Backspace"。

- **断开：** 在与选定顶点相连的每个多边形上，都创建一个新顶点，从而使多边形的转角相互分开，让它们不再相连于原来的顶点上。

- **挤出：** 可以以点、边、边界或多边形的形式挤出，既可以直接单击此按钮，在视口中手动操纵挤出，也可以单击其后的"设置"按钮进行精确挤出。

- **焊接：** 在指定的公差或阈值范围内，将选定的连续顶点或边界上的边进行合并操作。

- **封口：** 仅限于边界层级，用单个多边形封住整个边界环。

- **切角：** 可在顶点、边和边界层级下单击该按钮，从而对选定子对象进行切角，边界无需事先选定。

- **连接：** 在选定的子对象（顶点、边和边界）之间创建新边，其后有"设置"按钮。

- **桥：** 在选定的边之间生成的新多边形，形成"桥"。

- **轮廓：** 用于增加或减小每组连续选定多边形的外边，其后有"设置"按钮，限多边形层级。

- **倒角：** 将选定多边形执行倒角操作，其后有"设置"按钮，限多边形层级。

● 插入：执行没有高度的倒角操作，即在选定多边形的平面内执行该操作，其后有"设置"按钮。

实战练习 使用多边形建模方式制作床头柜

本节主要学习了可编辑对象建模，例如可编辑样条线和可编辑多边形，本实战将通过制作床头柜进一步巩固多边形建模。下面介绍具体操作方法。

步骤 01 在"创建"命令面板中单击"长方体"按钮，在"透视"视图中绘制长方体，并设置"长度"为350mm、"宽度"为380mm和"高度"为400mm，如下左图所示。

步骤 02 右击创建的长方体，选择"转换为：>转换为可编辑多边形"命令，如下右图所示。

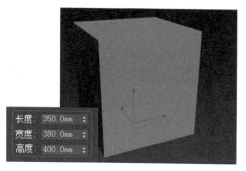
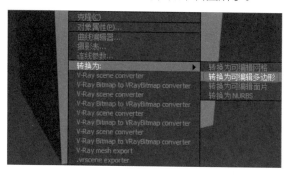

步骤 03 在"修改"卷展栏中展开"可编辑多边形"列表，选择"边"选项，再选择长方体的垂直的4条边，如下左图所示。

步骤 04 在"编辑边"卷展栏中单击"连接"右侧█图标，设置"分段"为1，单击"√"按钮，在选中垂直线的中间添加水平线段，如下右图所示。

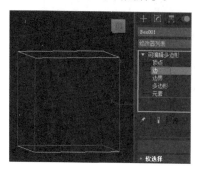
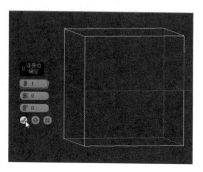

步骤 05 进入"多边形"级别，在"前"视图中选择上下两个面，在"编辑多边形"卷展栏中单击"插入"右侧█图标，设置插入方式为"按多边形"，插入值为10mm，如下左图所示。

步骤 06 保持前面两个多边形为选中状态，单击"编辑多边形"卷展栏中"挤出"右侧█图标，设置挤出值为-340mm，如下右图所示。

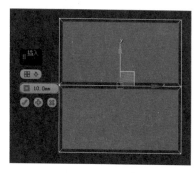
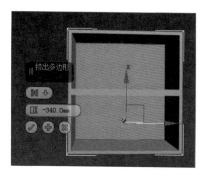

步骤 07 在"顶"视图中选择多边形,单击"插入"右侧图标,设置插入值为10mm,然后选择顶面除前面的3个面,单击"挤出"右侧图标,设置挤出值为80mm,如下左图所示。

步骤 08 接下来设置挤出部分的边为平滑状态。进入"边"级别,单击"编辑边"卷展栏中"切角"右侧的图标,设置"边切角量"为5mm、"连接边分段"为4,如下右图所示。

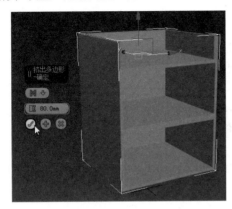
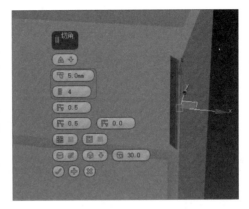

步骤 09 根据相同的方法设置需要平滑的边。在"创建"命令面板中单击"长方体"按钮,在"前"视图中绘制长方体,设置"长度"为180mm、"宽度"为360mm和"高度"为-10mm,如下左图所示。

步骤 10 通过"捕捉开关"和"对齐"功能使用长方体为床头柜上个门,如下右图所示。

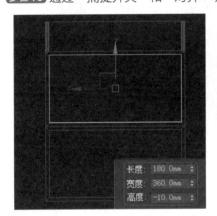
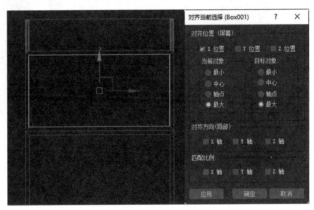

步骤 11 选中长方体,按住Shift键沿Z轴向下移动,在打开的对话框中选择"实例"单选按钮,单击"确定"按钮,如下左图所示。

步骤 12 在"顶"视图中绘制圆柱体,设置"半径"为15mm、"高度"为100mm、"高度分段"为1,如下右图所示。

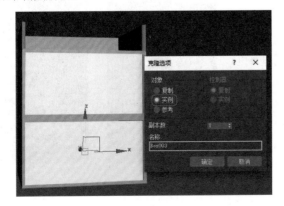
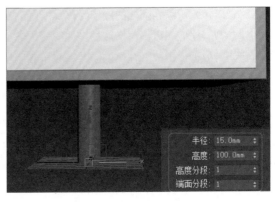

步骤13 将圆柱体转换为可编辑多边形，在"修改"面板中进入"顶点"级别，选择下方的顶点使用"选择并均匀缩放"功能进行缩放，如下左图所示。

步骤14 将圆柱体移到底面合适的位置，通过"角度捕捉切换"和"选择并旋转"工具将圆柱体向外旋转10度，如下右图所示。

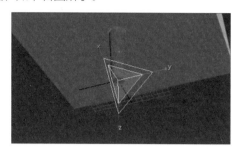 

步骤15 通过复制圆柱体，结合镜像功能制作床头柜的四条腿，而且圆柱体分别向外旋转10度左右，如下左图所示。

步骤16 再绘制圆柱体，作为抽屉的把手，床头柜模型制作完成，效果如下右图所示。

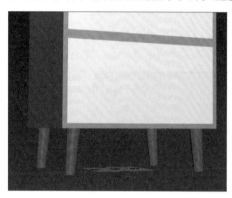 

4.3.3 可编辑网格

可编辑网格与可编辑多边形类似，有顶点、边、面、多边形和元素5个子对象层级，有"选择""软选择""曲面属性"和"编辑几何体"4个卷展栏，如右图所示。其操作方法和参数设置基本上也与可编辑多边形相同，不同的是可编辑网格是由三角形面组成，而可编辑多边形是由任意顶点的多边形组成。

将对象转化为可编辑网格的操作会移除所有的参数控件，包括创建参数，比如可以不再增加长方体的分段数、对圆形基本体执行切片处理或更改圆柱体的边数等，且应用于对象的任何修改器也遭到塌陷。转化后，留在堆栈中唯一的项是"可编辑网格"。

可编辑网格的转换除了可以使用与其他可编辑对象转换的3种相同方法外，还可以切换至"实用程序"面板中，单击"塌陷"按钮，接着在"塌陷"卷展栏中选择"输出类型"选项组中的"网格"单选按钮，最后单击"塌陷选定对象"按钮即可完成转换操作。

知识延伸：NURBS建模

使用 NURBS曲线和曲面建模是高级建模的方法之一，该方法可以更好地控制模型表面的曲线度，适合创建含有复杂曲线的曲面模型。NURBS对象包含曲线和曲面两种，分别在"创建"命令面板的"几何体"和"图形"中，如下左图和下右图所示。

（1）NURBS曲线

运用NURBS曲面包含点曲面和CV曲面两种，含义分别如下。

- **点曲面：** 由点来控制模型的形状，每个点始终位于曲面的表面上。
- **CV曲面：** 由控制顶点来控制模型的形状，CV形成围绕曲面的控制晶格，面不是位于曲面上。

（2）NURBS曲面

运用NURBS曲线包含点曲线和CV曲线两种，含义分别如下。

- **点曲线：** 由点来控制曲线的形状，每个点始终位于曲线上。
- **CV曲线：** 由控制顶点来控制曲线的形状，这些控制顶点不必位于曲线上。

NURBS对象共有7个卷展栏，分别是"常规""显示线参数""曲面近似"和"创建点"等，如下左图所示。选择"曲面CV"或"曲面"子层级时，又会出现不同的参数卷展栏，如下中图和下右图所示。

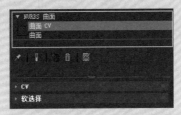
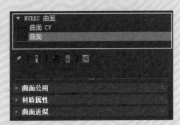

在"常规"卷展栏中包含附加、导入和NURBS工具箱等，单击"NURBS工具箱"按钮，如下左图所示，即可打开NURBS工具箱，如下右图所示。

上机实训：制作单人沙发模型

本章介绍了3ds Max的高级建模，下面通过制作单人沙发模型进一步巩固所学的内容。本实例将使用到涡轮平滑修改器和多边形建模，以及之前章节介绍的相关内容。单人沙发模型主要有木质的框架、软的坐垫和靠垫三几部分，下面介绍具体操作方法。

扫码看视频

步骤01 在"创建"命令面板中单击"标准基本体"中的"长方体"按钮，在"顶"视口中绘制长方体，修改"长度"为600mm、"宽度"为800mm和"高度"为50mm，如下左图所示。

步骤02 右击创建的长方体，在四元菜单中选择"转换为：>转换为可编辑多边形"命令，选择所有侧面并单击鼠标右键，在四元菜单中选择"挤出"命令，如下右图所示。

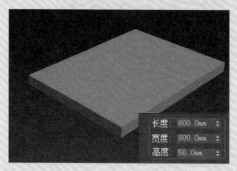 

步骤03 设置"按多边形"，设置挤出量为50mm，选中的四个面分别向外挤出50mm，如下左图所示。

步骤04 切换至"顶"视图，在"创建"命令面板的"图形"中选择"矩形"工具，然后在长方体的缺口处绘制矩形，并设置"长度"和"宽度"的值均为51mm，如下右图所示。

 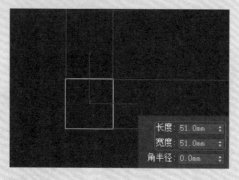

步骤05 打开"捕捉开关"设置"顶点"捕捉，将矩形和长方体进行排列。添加"挤出"修改器，设置"数量"为-50mm，如下左图所示。

步骤06 将长方体转换为可编辑多边形，选择底面，单击"编辑多边形"卷展栏中"挤出"右侧的按钮，设置挤出量为295mm，如下右图所示。

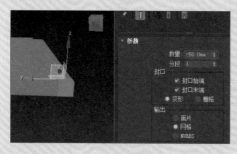 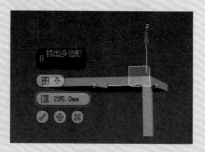

步骤 07 切换至"顶点"级别，选中底部4个顶点，使用"选择并均匀缩放"工具制作出腿部上粗下细的效果，如下左图所示。

步骤 08 根据相同的方法再将底部向下挤出5mm，同样进行缩小，制作出脚垫的效果，如下右图所示。

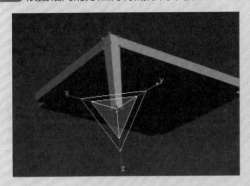 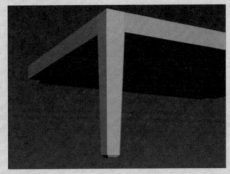

步骤 09 在"顶"视图中复制腿部模型，并移到前面的另一侧对齐，然后选中任意一个腿部模型并右击鼠标，选择"附加"命令，再选中另一个腿部模型，如下左图所示。

步骤 10 复制一份腿部模型作为沙发的后腿部。进入到"边"级别，选择垂直的边并单击"连接"右侧的按钮，设置"分段"为1，如下右图所示。

 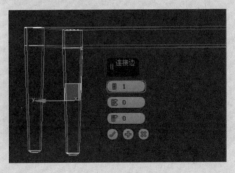

步骤 11 切换至"顶点"级别，选择最底部顶点，沿着Y轴向外拖拽至合适的位置，如下左图所示。

步骤 12 再切换至"边"级别，选择添加边，单击"切角"右侧按钮，设置"边切角量"为90mm、"连接边"分段为6，此时后沙发腿模型的弯曲变得自然了，如下右图所示。

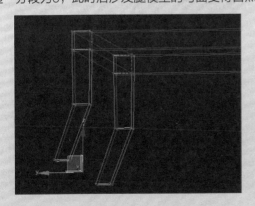 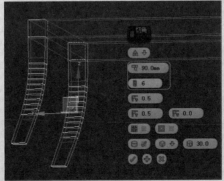

步骤 13 进入"多边形"级别，选择两个沙发后腿的顶面，单击"挤出"右侧按钮，设置挤出量为600mm，然后再挤出50mm，如下左图所示。

步骤 14 进入"多边形"级别，选择上方对立的50×50的面，单击"编辑多边形"卷展栏中"桥"按钮，则选中的两个面自动连接，效果如下右图所示。

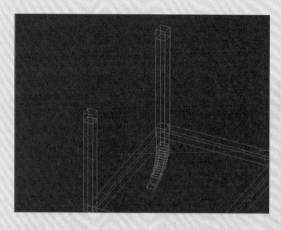

步骤15 选择椅背垂直的线，单击"连接"右侧按钮，设置分段为5，如下左图所示。

步骤16 切换至"顶点"级别，选中上方顶点，并在"修改"命令面板中添加"弯曲"修改器，展开Bend，选择"中心"选项，在"参数"卷展栏中设置"角度"为-10、"方向"为90，如下右图所示。

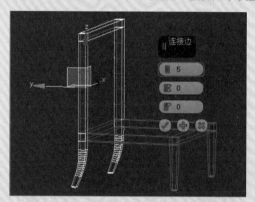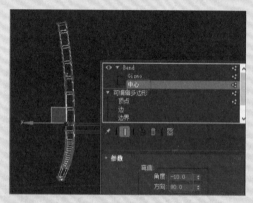

步骤17 至此，椅子的木质部分制作完成，效果如下左图所示。

步骤18 在"顶"视图中绘制矩形，设置"长度"为650mm、"宽度"为900mm，通过"对齐"功能将矩形移到椅面的上方，如下右图所示。

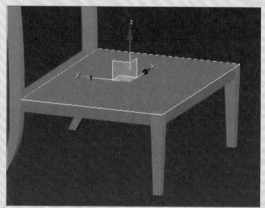

步骤19 选中矩形，将其转换为可编辑多边形，单击"编辑多边形"卷展栏中"倒角"右侧的按钮，设置"高度"为90mm、"轮廓"为15mm，如下左图所示。

步骤20 再次执行"倒角"操作，设置"高度"为50mm、"轮廓"为-70mm，用于制作沙发垫上方部分，如下右图所示。

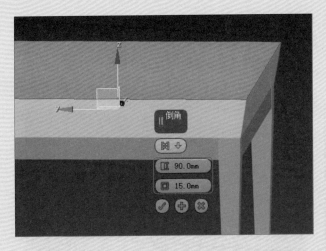
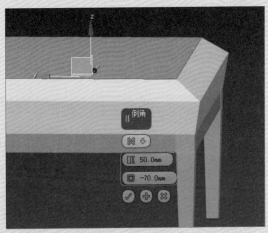

步骤 21 切换至"边"级别，选择代表矩形高度的边（双击选择一侧高度的边，按Alt+R组合键选择所有高度的边），再进行"切角"操作，设置"边切角量"为2mm、"连接边分段"为1，如下左图所示。

步骤 22 选中沙发垫模型，在"修改"命令面板中添加"涡轮平滑"修改器，在"涡轮平滑"卷展栏中设置"迭代次数"为3，效果如下右图所示。

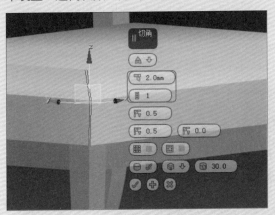
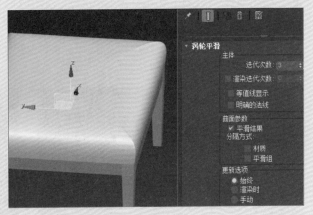

步骤 23 接下来关闭"涡轮平滑"修改器，制作沙发坐垫底部的边带。切换至"边"级别，选择沙发坐垫底部的高度边，执行"连接"操作，设置"滑块"为-88，添加水平边接近底边，如下左图所示。

步骤 24 进入"多边形"级别，选择制作边带的所有面（选择一个面后，按住Ctrl键双击相邻的面即可），执行"挤出"操作，设置"高度"为3mm，如下右图所示。

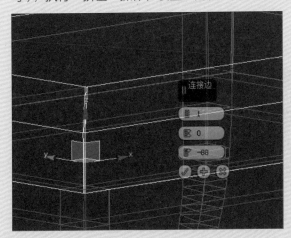
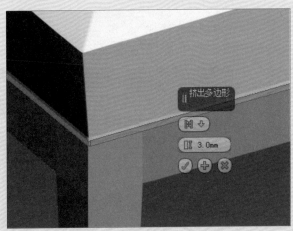

步骤 25 接着为边带和沙发坐垫的边进行切角。设置"边切角量"为2mm、"连接边分段"为1。选择沙发坐垫模型前后的水平边，执行"连接"操作，在中间添加1条边，如下左图所示。

步骤 26 保持连接边为选中状态，执行"切角"操作，设置"边切角量"为240mm、"连接边分段"为1，如下右图所示。

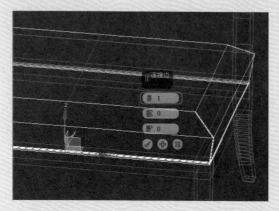 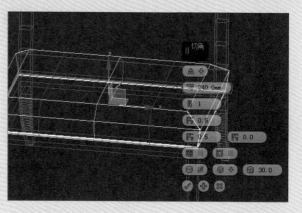

步骤 27 然后再通过"连接"为坐垫添加水平的边。切换至"顶点"级别，选择添加边交相的3个顶点，执行"挤出"操作，用于制作坐垫的凹陷部分，如下左图所示。制作凹陷时，用户可以打开"涡轮平滑"修改器查看效果。

步骤 28 接下来制作沙发坐垫上的边带。选择坐垫上添加的4条边，执行"切角"操作，设置"边切角量"为1.5mm、"连接边分段"为1，如下右图所示。

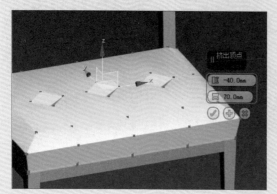 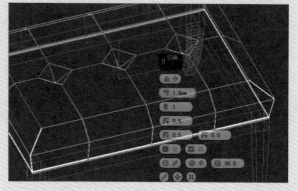

步骤 29 接着对切角的线挤出1.5mm即可，打开"涡轮平滑"修改器，查看沙发垫的效果，如下左图所示。

步骤 30 此时，坐垫前两侧转角处的痕迹比较明显，我们可通过调整顶点的位置使其更平滑。进入"顶点"视图，将坐垫模型拐角的两个点分别沿着X轴和Y轴向外移动，如下右图所示。

步骤31 接下来制作靠背。选择沙发后腿模型，进入"边"级别，选中上方靠背部分的水平边，执行"连续"操作，设置"分段"为1，如下左图所示。

步骤32 选择腿部的外部面，执行"桥"操作，使靠背选择的面连接在一起形成背部面板。保持背部面板为选中状态，单击"编辑几何体"中"分离"按钮，在弹出的对话框中单击"确定"按钮，将其分离出来，如下右图所示。

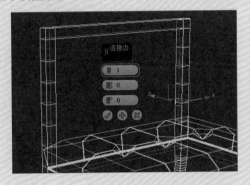 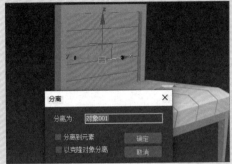

步骤33 选中分离的面，切换至"层次"命令面板，单击"仅影响轴"和"居中到对象"按钮。然后进入"多边形"级别，执行"挤出"操作，设置挤出"高度"为25mm，如下左图所示。然后再挤出3mm作为边带。

步骤34 接着为选中的面添加倒角。设置局部法线倒角的"高度"为30mm、"轮廓"为-50mm，如下右图所示。

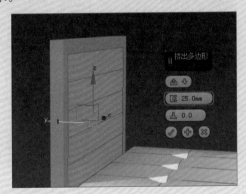 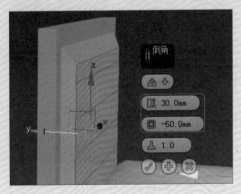

步骤35 选中边带的面，执行"挤出"操作。和底座边带一样，选择上方拐角处的边，执行"倒角"操作，设置"边切角量"为1.5mm、"连接边分段"为1，如下左图所示。

步骤36 进入"顶点"层级，选中上方转角的点并右击鼠标，在快捷菜单中选择"焊接"命令，如下右图所示。

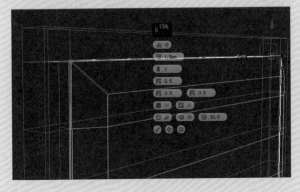 

步骤 37 选择背垫所有水平线，执行"连接"操作，添加一条垂直的边。执行"切角"操作，设置"边切角量"为240mm（和坐垫的切角量一致），如下左图所示。

步骤 38 进入"顶点"级别，选择需要制作凹陷的顶点，执行"挤出"操作，设置"高度"为-30mm、"宽度"为50mm，如下右图所示。

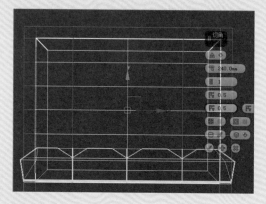 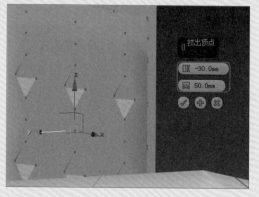

步骤 39 选择背垫，为其添加"涡轮平滑"修改器，设置"迭代次数"为3，背垫模型如下左图所示。

步骤 40 在"创建"面板中绘制球体，设置半径为10mm，使用"选择并均匀缩放"工具，沿着Z轴进行压缩，制作出纽扣的模型，如下右图所示。

步骤 41 将绘制的球体分别移到坐垫和背垫模型的凹陷处。至此，单人沙发模型制作完成，如下左图和下右图所示。

 课后练习

一、选择题

（1）在3ds Max中，"样条线"工具不包括（　　　）。

　　A. 矩形　　　　　　　　　　　　　B. 弧

　　C. 平面　　　　　　　　　　　　　D. 截面

（2）（　　　）修改器可以为二维图形对象增加一定的深度，并使其成为一个三维实体对象。

　　A. 挤出2　　　　　　　　　　　　　B. 车削

　　C. 晶格　　　　　　　　　　　　　D. 壳

（3）打开"NURBS工具箱"，在（　　　）卷展栏中单击"NURBS工具箱"按钮。

　　A. 曲面近似　　　　　　　　　　　B. 创建点

　　C. 创建曲线　　　　　　　　　　　D. 常规

（4）可编辑多边形提供了一种重要的多边形建模技术，它包含顶点、边、边界、多边形和（　　　），共5个子对象层级。

　　A. 曲面　　　　　　　　　　　　　B. 元素

　　C. 曲线　　　　　　　　　　　　　D. 以上都是

二、填空题

（1）在3ds Max中创建样条线时，在"插值"卷展栏中通过设置_____可以设置绘制图形的圆滑程度。

（2）_____修改器可将二维图形挤出为三维对象，同时在边缘应用直角或圆角的倒角效果。

（3）_____修改器可以使当前选择对象围绕某一轴最多弯曲360度，允许在三个轴中的任何一轴向上控制弯曲的角度和方向，也可以对几何体的一部分限制弯曲。

三、上机题

　　本章介绍的多边形建模，具有操作灵活、硬件要求低等优点，利用它可以建造出各式各样的模型。下面要求使用多边形建模制作转椅模型，将绘制的球体转换为可编辑多边形，并制作半圆的效果，如下左图所示，最终效果如下右图所示。

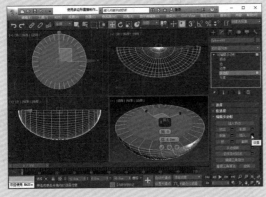

3+☑ 第5章 摄影机和灯光技术

本章概述

本章主要对3ds Max中的摄影机和各种灯光进行详细讲解，包括摄影机的创建和各种灯光的应用。本章结合4个实战练习介绍摄影机和灯光的使用技法，可以加深读者对本章内容的掌握。

核心知识点

❶ 熟悉摄影机的创建
❷ 了解灯光的基础知识
❸ 掌握标准和光度学灯光
❹ 掌握VRay灯光

5.1 认识摄影机

摄影机在3ds Max中可以固定画面视角，还可以设置特效、控制渲染效果等。摄影机好像人的眼睛，不论是创建场景对象、布置灯光，还是调整材质所创作的效果图，都需要通过这双眼睛来观察。

5.1.1 创建摄影机

在3ds Max中，可以自动创建摄影机，也可以手动创建。打开3ds Max文件后，在透视图中旋转并调整合适的视角，按Ctrl+C组合键即可自动创建一台摄影机，并且，当前视角变为摄影机的视角。此时在透视图的左上角显示PhysCamera001，表示创建了一台物理摄影机，如下左图所示。

在"创建"命令面板中单击"摄影机"按钮 ▣，在"对象类型"卷展栏中包括3种摄影机类型，单击对应的按钮，例如单击"目标"按钮，可在"顶"视图中拖拽绘制目标摄影机，如下右图所示。

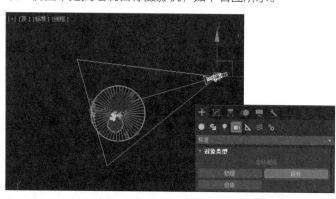

提示：平移摄影机

创建摄影机后，如果感觉视角不是很完美的话，可以单击界面右下角"平移摄影机"按钮 ▣。在该视图中，光标变为手的形状，可以按住鼠标左键拖拽摄影机，调整视图直至显示合理。

创建摄影机后，可以通过快捷键C切换不同的摄影机视图。刚才我们创建了物理摄影机和目标摄影机，按C键激活透视图，打开"选择摄影机"对话框，在列表框中包含场景中创建的所有摄影机，选择后单击"确定"按钮即可切换到指定摄影机视图，如下左图所示。

我们还可以在任意视图中单击左上角视图名称，在菜单中选择"摄影机"命令，在子菜单中会显示场景中创建的所有摄影机，选择即可切换至该摄影机视图，如下右图所示。

5.1.2　调整摄影机视图的视角

在3ds Max场景中创建摄影机后，可以通过界面右下角提供的功能按钮调整摄影机视图的视角，例如推拉摄影机、环游摄影机和平移摄影机等。下面通过操作介绍具体的应用。

步骤 01 首先进入需要调整摄影机的视图，单击界面右下角"环游摄影机"按钮🎥，如下左图所示。该图为物理摄影机的视角。

步骤 02 此时光标变为🎥图标，按住鼠标左键拖拽即可转动当前摄影机的视角，移到合适位置后释放鼠标，如下右图所示。

步骤 03 我们可以通过"推拉摄影机"调整远近。单击"推拉摄影机"按钮📹，光标变为上下双箭头的图标📹，按住鼠标左键向上滑动时距离变近，向下滑动时距离变远。我们向上滑动可以充分观察水果模型，如下左图所示。

步骤 04 接着单击"平移摄影机"按钮📹，光标变为手掌图标🖐，按住鼠标左键平移视图，显示到合适的视图后释放鼠标左键即可，如下右图所示。

5.2 标准摄影机

在制作效果图或动画的过程中，需要用户创建合适的摄影机来凸显对象或动画效果，3ds Max为用户提供了3种类型的摄影机，包括目标摄影机、自由摄影机和物理摄影机。

在"创建"面板中单击"摄影机"按钮，在摄影机类别中选择"标准"选项，即可创建上述3种摄影机，如右图所示。

5.2.1 目标摄影机

目标摄影机是3ds Max中最常用的摄影机类型之一，它包括摄影机和目标点两部分，如下左图所示。目标摄影机主要包括"参数"和"景深参数"卷展栏，如下中图和下右图所示。

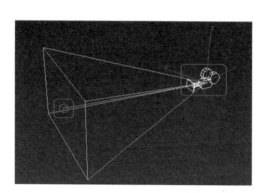

（1）"参数"卷展栏

"参数"卷展栏主要用来设置镜头、焦距和环境范围等，下面介绍各参数的含义。

● **镜头**：用来设置摄影机的焦距，单位是mm。下左图镜头为30mm，下右图镜头为60mm。

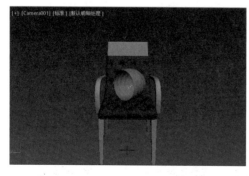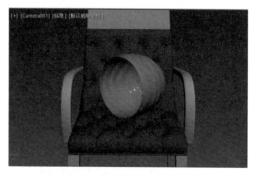

● **视野**：设置摄影机查看区域的宽度。
● **正交投影**：勾选该复选框后，摄影机视图与用户视图一致，而不启用此复选框时，摄影机视图与标准的透视视图一致。
● **"备用镜头"组**：提供一些设置摄影机焦距的预设值。
● **类型**：可将目标摄影机与自由摄影机进行相互切换。
● **显示圆锥体**：除摄影机视口外的视口中，显示摄影机视野定义的锥形光线。

- **显示地平线：**在摄影机视口中的地平线层级显示一条深灰色的线条。
- **"环境范围"组：**设置大气效果"近距范围"和"远距范围"的限制，控制两个限制之间的对象间的大气效果。
- **"剪切平面"组：**定义剪切平面的"近距范围"和"远距范围"，比近距剪切平面近或比远距剪切平面远的对象不可视。
- **"多过程效果"组：**指定设置摄影机应用景深或运动模糊效果。
- **目标距离：**设置摄影机和目标点之间的距离，在自由摄影机中该目标点不可见，可作为旋转摄影机所围绕的虚拟点。

（2）"景深参数"或"运动模糊参数"卷展栏

在"参数"卷展栏的"多过程效果"组中选择下拉列表中的"景深"或"运动模糊"选项后，将在参数面板中出现对应的"景深参数"或"运动模糊参数"卷展栏。下左图为"景深参数"卷展栏，下右图为"运动模糊参数"卷展栏。

 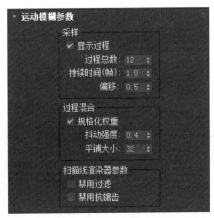

① "景深参数"卷展栏

在"参数"卷展栏中启用"景深"选项后，摄影机将通过模糊到摄影机焦点某距离处的帧的区域产生景深效果。下面介绍各参数的含义。

- **使用目标距离：**勾选该复选框后，可以将摄影机的目标距离用作每个过程偏移摄影机的点；而禁用该复选框后，将使用"焦点深度"值偏移摄影机。
- **焦点深度：**只有当"使用目标距离"处于禁用状态时，设置距离偏移摄影机的深度。"焦点深度"较低的值提供狂乱的模糊效果，较高的"焦点深度"值模糊场景的远处部分。
- **显示过程：**勾选该复选框后，渲染帧窗口显示多个渲染通道。
- **使用初始位置：**勾选该复选框后，第一个渲染过程位于摄影机的初始位置。
- **过程总数：**用于生成效果的过程数，增加此值可以增加效果的精确性，但渲染时间将延长。
- **采样半径：**通过移动场景生成模糊的半径。增加该值将增加整体模糊效果，减小该值将减少模糊。
- **采样偏移：**模糊靠近或远离"采样半径"的权重，该值越大，提供的效果越均匀。
- **规格化权重：**当启用该参数后，将权重规格化，会获得较平滑的效果；而当禁用该参数后，效果会变得清晰一些，但通常颗粒状效果更明显。
- **抖动强度：**控制应用于渲染通道的抖动程度，增加此值会增加抖动量，并且生成颗粒状效果。
- **平铺大小：**设置抖动时图案的大小。
- **"扫描线渲染器参数"组：**用于渲染过程中禁用过滤或抗锯齿效果，禁用后可缩短渲染时间。

② "运动模糊参数"卷展栏

运动模糊是通过在场景中基于移动的偏移渲染通道，来模拟摄影机的运动模糊效果，下面介绍各参数的含义。

- **偏移**：设置模糊的偏移距离，默认情况下，模糊在当前帧前后是均匀的，即模糊对象出现在模糊区域中。增加"偏移"值移动模糊对象后面的模糊，与运动方向相对；减小该值移动模糊对象前面的模糊。
- **"过程混合"组**：该选项组可以避免混合的过程中，出现太人工化、太规则的效果。
- **"扫描线渲染器参数"组**：与景深中的参数意义相同。

> **提示：隐藏/显示摄影机**
>
> 场景中的对象比较多时，将摄影机隐藏起来使场景显得更简洁。按Shift+C组合键即可隐藏和显示摄影机。

5.2.2 "自由"和"物理"摄影机

自由摄影机在摄影机指向的方向查看区域对象。与目标摄影机不同，自由摄影机只由单个图标摄影机表示，没有目标点。使用自由摄影机可以更轻松地设置动画，不受限制地移动、旋转和定向摄像机。下左图为创建的自由摄影机。

物理摄影机与真实的摄影机原理有些类似，可以设置快门、曝光等效果。下右图为创建的物理摄影机效果。

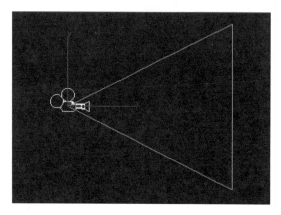 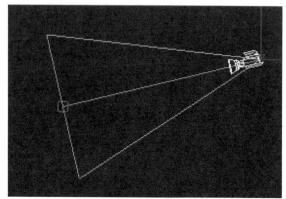

5.3 VRay摄影机

VRay摄影机比标准摄影机的功能更强大，VRay摄影机包括VRay穹顶摄影机（VRay穹顶相机）和VRay物理摄影机（VRay物理相机）两种类型，如右图所示。其中VRay物理摄影机使用较多，也是本节介绍的重点。

5.3.1 VRay物理摄影机

VRay物理摄影机相当于一台真实的摄影机，有光圈、快门、曝光等功能。用户通过VRay物理摄影机能制作出更真实的效果。在"创建"命令面板中切换至"摄影机"选项，在摄影机类别中选择VRay，在"对象类型"卷展栏中单击"VRay物理相机"按钮，然后在视图中绘制摄影机，如下左图所示。其参数卷展栏如下右图所示。

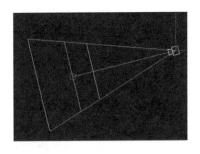 

下面介绍各卷展栏中的重要参数的含义。

① 基本和显示

"基本和显示"卷展栏如右图所示。

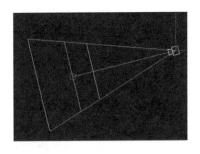

- **目标：**勾选该复选框后，可以手动调整目标点；取消勾选则需要通过设置目标距离参数进行设置。

- **类型：**设置摄影机的类型，包含"照相机""电影相机"和"DV摄像机"三种。照相机为默认类型，用来模拟一台常规快门的静态画面摄影机；电影相机用来模拟一台圆形快门的电影摄影机；DV摄像机用来模拟带CD矩阵的快门摄像机。

- **目标距离：**摄影机到目标点的距离。

② 传感器和镜头

"传感器和镜头"卷展栏如右图所示。

- **视野：**勾选该复选框后，可以调整摄影机的可视区域。

- **焦距：**设置摄影机的焦长数值。

- **缩放因子：**控制摄影机视图的缩放。数值越大，摄影机的视图拉得就越近。下左图为设置缩放因子为0.5的效果，下右图为设置缩放因子为1.5的效果。

 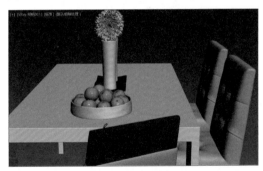

③ 光圈

"光圈"卷展栏如右图所示。

- **光圈数：**设置摄影机的光圈大小，主要用来控制渲染图像的最终亮度。值越小，图像越亮；反之图像越暗。

- **快门速度（s^-1）：**设置进光时间。数值越小，图像就越亮。

- **快门角度：**当摄影机选择"电影相机"时，该选项才可以使用，用来控制图像的明暗。

- **快门偏移：**当摄影机选择"电影相机"时，该选项才可以使用，用来控制快门角度的偏移。

- **延迟：**当摄影机选择"电影相机"时，该选项才可以使用，用来控制图像的明暗。

④ 景深和运动模糊

"景深和运动模糊"卷展栏如右图所示。

- **景深**：控制是否开启景深效果。
- **运动模糊**：控制是否开启运动模糊效果。

⑤ 颜色和曝光

"颜色和曝光"卷展栏如右图所示。

- **曝光**：用于设置"无曝光""物理曝光"等曝光类型，以及"曝光值"。
- **光晕**：勾选该复选框后，在渲染时图形四周产生深色的黑晕。
- **白平衡**：和真实摄影机的功能一样，控制图像的色偏。
- **自定义平衡**：该选项用于控制自定义摄影机的颜色平衡。

⑥ 散景效果

"散景效果"卷展栏如右图所示。

- **叶片数**：控制散景产生的小圆圈的边，默认值为5，表示散景的小圆圈为正五边形。如果取消勾选该复选框，表示散景就是圆形。
- **旋转（度）**：散景小圆圈的旋转角度。
- **中心偏移**：散景偏移源物体的距离。
- **各向异性**：控制散景的各向异性。值越大，散景的小圆圈拉得越长。

5.3.2　VRay穹顶摄影机

VRay穹顶摄影机通常被用于渲染半球圆顶效果，它的参数设置面板如右图所示。

- **翻转X**：使渲染的图像在X 轴上进行翻转。
- **翻转Y**：使渲染的图像在Y 轴上进行翻转。
- **视野**：设置视角的大小。

实战练习 通过VRay物理摄影机渲染图像 ────────────────○

本节我们学习了VRay物理摄影机的创建以及各参数的含义，接下来将通过设置VRay物理摄影机中的相关参数渲染出不同色调的图像。本实例主要设置VRay物理摄影机"光圈"卷展栏中的"光圈数"参数和"颜色和曝光"卷展栏中的"白平衡"参数，下面介绍具体操作方法。

步骤01 打开"通过VRay物理摄影机渲染图像.
max"文件，在该文件中添加太阳光和VRay物理摄影机，如右图所示。

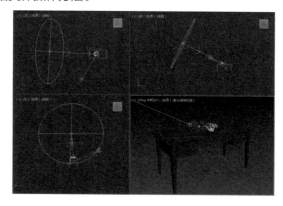

步骤 02 在透视图中，按C键切换至摄影机视图，按Shift+Q组合键开始渲染图像，此时"光圈数"的值默认为8。因为场景中没有其他光源，所以阴影部分比较黑，整体效果有点暗，如下左图所示。

步骤 03 在视口中选中摄影机，切换至"修改"命令面板，在"光圈"卷展栏中设置"光圈数"为3，如下右图所示。

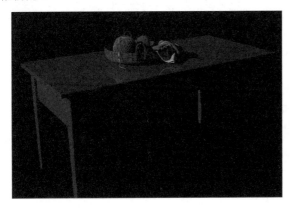

步骤 04 在菜单栏中执行"渲染>渲染"命令，再次进行渲染。从渲染效果中可见图像变亮了，因为光圈数越小，渲染的图像就越亮，如下左图所示。

步骤 05 保持光圈数为3，在"颜色和曝光"卷展栏中设置"白平衡"为"日光"，再次进行渲染，可见图像为偏日光的暖色调，如下右图所示。

> **提示：增大空间感的方法**
>
> 在摄影机视图中，单击3ds Max界面右下角的"视野"按钮▶，然后在视图中按住鼠标左键向下拖拽缩小视图，空间感更大。

5.4 灯光基础知识

通常情况下，用户创建的场景中是没有灯光的，3ds Max会使用默认的照明着色来渲染场景，而默认照明往往不够亮，也不能照到复杂对象的所有面上，所以渲染出的场景效果与所需效果相去甚远。这时用户就需要自定义添加灯光，使场景的外观更逼真。

在3ds Max中，可以用灯光来模拟真实世界中的光源效果，照亮场景中的其他对象，并通过灯光投射，增强场景的真实感、清晰度和三维效果。不同种类的灯光对象利用不同方式的灯光投影，模拟不同种类的光源。下面两幅图展示了室内和室外各种灯光的效果。

> **提示：默认照明如何作用**
>
> 一旦用户创建了一个灯光，灯光对象将会替换默认的照明，这时默认照明就会被程序禁用；而用户若是将场景中所有的灯光对象删除，则又会重新启用默认照明系统。一般默认照明由两个不可见的灯光组成，一个位于场景上方偏左的位置，另一个位于下方偏右的位置。默认照明也受"环境和效果"对话框中"环境"面板上的"环境光"设置的影响。

5.4.1　灯光类型

3ds Max中的灯光主要由标准灯光和光度学灯光两种类型组成，安装了VRay渲染器后，还可以使用该渲染器带有的特定光源系统，即VRay灯光。用户可以在"创建"面板中单击"灯光"按钮，在灯光类别列表中选择相应灯光选项，即可打开相应的灯光面板，如下图所示分别为标准灯光、光度学灯光和VRay灯光面板。

用户无论使用上述三种灯光中的何种灯光，都取决于要在3ds Max的虚拟世界中模拟真实世界中的自然照明还是人工照明光源，而这些光源大致可概括为以下三种。

- **自然光：** 自然阳光，在地平面上的阳光是一种来自一个方向的平行光线，其方向和角度因时间、纬度和季节而异。
- **人工光：** 创建正常照明、清晰场景的，用于室内和夜间室外的多种人为光源。
- **环境光：** 模拟从灯光反射远离漫反射曲面的常规照明，通常用于外部场景，补充场景主灯光。

5.4.2　灯光属性

在3ds Max中，用户无论创建了多么复杂、华丽的模型，还是设计了多么精美绝伦的材质，若没有合适的灯光照明来表现，或是照明参数设置不理想，对建筑可视化来说都是一件功亏一篑的事情，因此对灯光属性了解得越多越可以让用户游刃有余地使用灯光。

通常情况下，场景中的灯光对象都有以下作用：一是改进场景的照明，提高场景亮度，使灯光照到复杂对象的所有面上；二是各种类型的灯光都可以投射阴影，通过灯光投射阴影可以增强场景的真实感，用户也可以选择性地控制对象投影或接收阴影，而这一切都是由灯光属性来控制。

- **强度：** 灯光的强度影响灯光照亮对象的亮度，灯光强度值越大场景中的对象越亮，而投影在明亮颜色对象上的暗光只显示暗的颜色。
- **入射角：** 对象上的曲面与光源倾斜得越多，曲面接收到的光越少，看上去就会越暗，而曲面法线相对于光源的角度称为入射角。当入射角为0度（也就是说光源与曲面垂直）时，曲面由光源的全部强度照亮，随着入射角的增加，照明的强度减小。而这说明灯光的入射角会影响灯光强度。
- **衰减：** 在现实世界中，灯光的强度将随着距离的加长而减弱。远离光源的对象看起来更暗，距离光源较近的对象看起来更亮，这种效果称为灯光的衰减。实际上，灯光以平方反比的速率衰减，即其强度的减小与到光源距离的平方成比例。当光线被大气驱散时，通常衰减幅度更大，特别是当大气中有灰尘粒子时，如雾或云。
- **反射光和环境光：** 对象反射光可以照亮其他对象，曲面反射光越多那么用于照明该环境中其他对象的光也就越多。反射光用以创建环境光，环境光具有均匀的强度，并且属于均质漫反射，且不具有可辨别的光源和方向。
- **灯光颜色：** 灯光的颜色部分依赖于生成该灯光的过程，如钨灯投影橘黄色的灯光，水银蒸汽灯投影冷色的浅蓝色灯光，太阳光为浅黄色。灯光颜色也依赖于灯光通过的介质，如大气中的云将灯光染为天蓝色，脏玻璃可以将灯光染为浓烈的饱和色彩。灯光颜色为加性色，主要颜色为红色、绿色和蓝色，当与多种颜色混合在一起时，场景中总的灯光将变得更亮并且逐渐变为白色。

5.5 标准灯光

标准灯光是基于计算机的模拟灯光对象，比如家用或办公室灯、舞台和电影工作时使用的灯光设备以及太阳光本身等都可以通过标准灯光来模拟。

标准灯光是3ds Max中最简单的灯光类型，共包括6种类型，分别是目标聚光灯、自由聚光灯、目标平行光、自由平行光、泛光和天光。其中目标聚光灯、目标平行光和泛光比较常用，本节主要介绍这3种灯光。

在"创建"命令面板中单击"灯光"按钮，再选择灯光类别为"标准"选项，在"对象类型"卷展栏中会显示6种类型的灯光。

5.5.1 目标聚光灯

目标聚光灯可以模拟聚光灯效果，是指沿目标点方向发射的聚光光照效果，主要用来模拟吊灯、舞台灯等。目标聚光灯由透射点和目标点组成，其方向性非常发散，对阴影的塑造力很强。下左图是聚光灯的效果，下右图是书房灯的效果。

目标聚光灯的参数如下图所示。

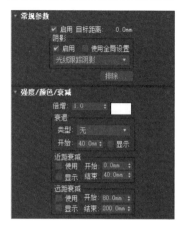

（1）"常规参数"卷展栏

"常规参数"卷展栏中的参数可以设置是否启用灯光、阴影以及阴影的类型，如下左图所示。下面介绍各参数的含义。

- **"灯光类型"选项组：**设置灯光的类型，包括"聚光灯""平行光"和"泛光"3种类型，如下右图所示。
- **启用：**控制是否开启灯光。

- **目标：**勾选该复选框后，灯光将成为目标聚光灯，如果取消勾选该复选框则成为自由灯光。
- **"阴影"选项组：**控制是否开启灯光阴影和阴影的类型。
- **使用全局设置：**勾选该复选框时，该灯光投射的阴影将影响整个场景的阴影效果，而取消勾选该复选框时，则必须为渲染器选择生成特定灯光阴影的方式。
- **阴影类型下拉列表：**生成灯光阴影的方式，包括阴影贴图、光线跟踪阴影、高级光线跟踪和区域阴影等多个选项。若用户安装VRay渲染器，则有常用VRayShadows选项。每一种阴影类型都有其特定的参数卷展栏，用以进行具体的阴影属性设置。
- **"排除"按钮：**单击该按钮可以打开"排除/包含"对话框，在该对话框中用户将选定对象排除于灯光效果之外，或是将选定对象包含于灯光效果之内，换言之，确定选定的灯光不照亮或单独照亮哪些对象，将哪些对象视为隐藏渲染元素，或是将哪些对象从渲染器生成的反射中排除。

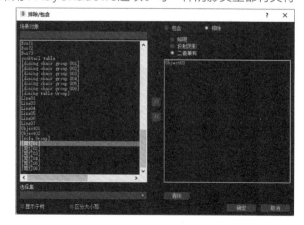

提示："排除/包含"对话框的用途

尽管灯光排除在现实情况下不会出现，但该功能在需要精确控制场景中的照明时非常有用。可以用来专门添加灯光以照亮单个对象而不包含其周围环境，或是希望灯光给一个对象（而不是其他对象）投射阴影。

（2）"强度/颜色/衰减"卷展栏

使用"强度/颜色/衰减"参数卷展栏可以设置灯光的颜色和强度，也可以自定义灯光的衰退、近距衰减和远距衰减等参数。下面介绍卷展栏中各参数的含义。

- **倍增**：将灯光的功率放大一个正或负的量，例如将倍增设置为2，灯光将增亮两倍，而负值则可以减去灯光，这对于在场景中有选择地放置黑暗区域较为有用，该参数的默认值为1.0。
- **色样**：单击色样按钮将打开"颜色选择器"对话框，用于设置灯光的颜色。
- **（"衰退"选项组）类型**：选择要使用的衰退类型，有"无""倒数"和"平方反比"3种类型可供选择，其中"倒数"和"平方反比"是使远处灯光强度减小的两种不同方法，而"无"选项则不应用衰退，其结果是从光源处至无穷大处，灯光仍然保持全部强度，除非启用远距衰减。
- **开始**：如果不使用衰减，则设置灯光开始衰退的距离。
- **显示**：在视口中显示衰退范围，默认情况下，开始范围的线呈蓝绿色。
- **（"近距衰减"选项组）使用**：启用灯光的近距衰减。
- **开始**：设置灯光开始淡入的距离。
- **显示**：在视口中显示近距衰减范围，对于聚光灯而言，衰减范围看似圆锥体的镜头部分；对于平行光而言，其形状像圆，锥体的圆形部分；而对于启用"泛光化"的泛光灯、聚光灯或平行光来说，其形状像球形。默认情况下，近距衰减"开始"图标为深蓝色，"结束"图标为浅蓝色。
- **结束**：设置灯光达到其全值的距离。
- **（"远距衰减"选项组）显示**：选中灯光时，衰减范围始终可见，勾选此复选框后，在取消选择该灯光时，衰减范围才可见。
- **结束**：设置灯光淡出减为 0 的距离。

（3）"聚光灯参数"卷展栏

当创建或选择目标聚光灯或自由聚光灯时，"修改"面板中将显示"聚光灯参数"卷展栏，该卷展栏中的参数用以控制聚光灯的聚光区，或是衰减区的灯光效果。

- **显示光锥**：启用或禁用圆锥体的显示效果。
- **泛光化**：勾选该复选框后，灯光将在所有方向上投影，但投影和阴影只发生在该灯光的衰减圆锥体内。
- **聚光区/光束**：调整灯光圆锥体的角度，聚光区值以度为单位进行测量，如下左图、下右图所示。
- **衰减区/区域**：调整灯光衰减区的角度，衰减区值以度为单位进行测量。衰减区/区域和聚光区/光束的差值越大，灯光过渡越柔和。

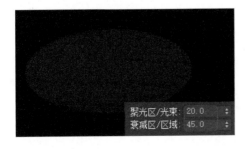
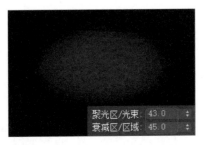

- **圆或矩形**：确定聚光区和衰减区的形状。
- **纵横比**：设置矩形光束的纵横比。
- **"位图拟合"按钮**：如果灯光阴影的纵横比为矩形，可以用该按钮来设置纵横比，以匹配特定的位图。

（4）"高级效果"卷展栏

"高级效果"卷展栏提供影响灯光和曲面方式的控件参数，也包括为投射灯光添加贴图，使灯光对象成为一个投影的设置。

- **对比度**：调整曲面的漫反射区域和环境光区域之间的对比度。
- **柔化漫反射边**：当增加该值时，可以柔化曲面漫反射部分与环境光部分之间的边缘。
- **漫反射**：勾选该复选框后，灯光将影响对象曲面的漫反射属性。
- **高光反射**：勾选该复选框后，灯光将影响对象曲面的高光属性。
- **仅环境光**：勾选该复选框后，灯光仅影响照明的环境光组件。
- **贴图**：勾选该复选框后，可以在通道上添加贴图。没有设置贴图时，渲染的效果如下左图所示。添加案例文件提供的荷花贴图后，渲染效果如下右图所示。

（5）"阴影参数"卷展栏

在"阴影参数"卷展栏中，可以设置阴影基本参数，下面介绍各参数的含义。

- **颜色**：单击色块按钮打开"颜色选择器"对话框，然后为灯光投射的阴影选择一种颜色。默认颜色为黑色。
- **密度**：调整阴影的密度。
- **贴图**：勾选该复选框后，即可将贴图指定给阴影。默认为禁用状态。
- **灯光影响阴影颜色**：勾选该复选框后，可将灯光颜色与阴影颜色（如果阴影已设置贴图）混合起来。默认情况下设置为禁用状态。
- **"大气阴影"选项组**：可以让像体积雾这样的大气效果也能投射出阴影，并可设置具体参数。

5.5.2　目标平行光

目标平行光可以产生一个照射区域，主要用来模拟自然光线的照射效果。在制作室外建筑效果图时，主要使用该灯光模拟室外阳光效果，如下左图所示。目标平行光的照射原理如下右图所示。

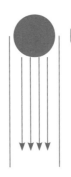

5.5.3 泛光

泛光可以向周围发散光线，其光线可以到达场景中无限远的位置。泛光比较容易创建和调节，能够均匀地照射场景，但是过多使用泛光会导致场景暖意层次变暗，缺乏对比。经常使用泛光模拟制作烛光、壁灯和吊灯等效果。

5.5.4 天光

天光主要用来模拟天空光，以穹顶方式发光，可以将场景整体提亮。天光的参数比较少，如右图所示。

- **启用**：控制是否开启天光。
- **倍增**：控制灯光的强度。
- **天空颜色**：设置天光的颜色。
- **贴图**：设置贴图来影响天光的颜色。
- **投射阴影**：控制天光是否投射阴影。
- **每采样光线数**：计算落在场景中每个点的光子数目。
- **光线偏移**：设置光线产生的偏移距离。

5.6 VRay灯光

VRay灯光是VRay渲染器自带的特定光源系统，它是室内设计中最常用的类型。VRay灯光的特点是效果逼真、参数简单，所以比较常用。VRay灯光包含VRay灯光、VRay环境光、VRayIES和VRay太阳光，如下图所示。其中VRay灯光和VRay太阳光比较重要，也比较常用。

下面介绍4种灯光类型的含义。

- **VRay灯光**：常用于模拟室内外灯光，该灯光光线比较柔和，是最常用的灯光之一。
- **VRay环境光**：可以模拟环境灯光效果。
- **VRayIES**：该灯光类似于目标灯光，可以加载IES灯光，可产生射灯的效果。
- **VRay太阳光**：用于模拟真实的太阳光。

5.6.1　VRay灯光

VRay灯光是3ds Max最常用、最强大的灯光之一，主要用来模拟室内光源。VRay灯光包括平面灯、穹顶灯、球体、网格和圆形灯，其中平面灯和球体是最常见的两类灯光。

（1）VRay平面灯

VRay平面灯光是将VRay灯光设置成平面形状，具有很强的方向性。常用来模拟较为柔和的光线效果，在室内效果图中应用较多，例如顶棚灯带、窗口光线等。

在视图中绘制平面灯光，如下左图所示。VRay平面灯光的参数，如下中图和下右图所示。

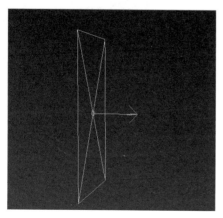

（2）VRay球体

VRay球体灯光是一个圆形的灯光由中心向四周均匀发散光线，并伴随着距离增大产生衰减效果。常用来模拟吊灯、壁灯和台灯等。

在视图中创建VRay球体灯光，如下左图所示，其参数如下中图和下右图所示。

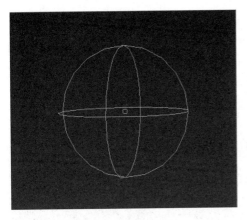

下面介绍VRay灯光相关参数的含义。

① "常规"卷展栏

● **开**：控制是否开启VRay灯光。

● **类型**：指定VRay灯光的类型，包括平面灯、穹顶灯、球体、网格和圆形灯。

● **目标**：设置灯光的目标距离数值。

● **半径**：设置球体灯光的半径。

● **倍增**：设置灯光的强度，数值越大，灯光越亮。

● **模式**：设置灯光的颜色或温度。

② "选项"卷展栏

● **投射阴影**：控制是否对物体的光照产生阴影。

● **双面**：控制是否产生双面照射灯光的效果。

● **不可见**：控制是否可以渲染出灯光本身。下左图为取消勾选"不可见"复选框的效果，下右图为勾选"不可见"复选框的效果。

● **不衰减**：默认为取消勾选，可以产生真实的灯光强度衰减效果。勾选时，不产生衰减效果。

● **影响漫反射**：控制是否影响物体材质属性的漫反射。

● **影响高光**：控制是否影响物体材质属性的高光。

● **影响反射**：控制是否影响物体材质属性的反射。下左图为勾选该复选框的效果，下右图为取消勾选该复选框的效果。

提示：影响反射和不可见

当在场景中设置VRay灯光不可见时，为了使渲染的效果更真实，一般取消勾选"影响反射"复选框。

③ "采样"卷展栏

● **阴影偏移**：控制物体与阴影的偏移距离。

● **中止**：控制灯光中止的数值。

实战练习 使用VRay灯光制作灯带和吊灯

本节学习了VRay灯光的应用，它可以产生柔和的灯光效果。下面将介绍使用VRay灯光制作窗口灯光、灯带和吊灯的方法。其中窗口和灯带的灯光为平面灯，吊灯为球体。由于本实战制作的是傍晚的灯光效果，所以设置的灯光都比较柔和，以下为具体操作方法。

步骤 01 打开"使用VRay灯光制作灯带和吊灯.max"文件，进入创建好的摄影机视图，效果如下左图所示。

步骤 02 在"创建"命令面板中单击"灯光"按钮，在类型列表中选择VRay选项。在"对象类型"卷展栏中单击"VRay灯光"按钮。在左视图中绘制和窗户差不多大小的平面灯，在摄影机视图中调整VRay灯光的位置，使其位于窗户外侧，如下右图所示。

步骤 03 选择绘制的VRay灯光，切换至"修改"命令面板，在"常规"卷展栏中设置"目标"值为2000cm、"倍增"为2、颜色为黄色，如下左图所示。在"选项"卷展栏中勾选"不可见"复选框，取消勾选"影响反射"复选框。

步骤 04 在菜单栏中执行"渲染>渲染"命令，此时在场景中只添加窗外平面光，制作出傍晚时的光照效果，如下右图所示。

步骤 05 接着制作床背后面的灯带。在"顶"视图中绘制平面灯，在"前"视图中调整平面灯的高度，并适当旋转使光照方向向上，如下左图所示。

步骤 06 切换至"修改"命令面板，在"常规"卷展栏中设置"长度"为150cm，"宽度"为5cm，"目标"为20cm、"倍增"为3、"颜色"为黄色，如下右图所示。在"选项"卷展栏中勾选"不可见"复选框。

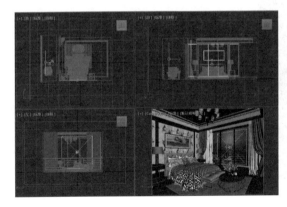

步骤 07 按Shift+Q组合键进行渲染，可见在床背后面显示出细长的灯带效果，如下左图所示。

步骤 08 最后制作卧室吊灯的效果。使用VRay灯光，在"常规"卷展栏中设置"类型"为"球体"，"半径"为1.5cm，"目标"为20cm，"颜色"为浅橙色，如下右图所示。

步骤 09 在"顶"视图中的吊灯处绘制VRay球体，在"前"视图中调整高度。接着在"修改"命令面板的"选项"卷展栏中勾选"不可见"复选框和取消勾选"影响反射"复选框，如下左图所示。

步骤 10 根据相同的方法添加其他吊灯，按Shift+Q组合键进行渲染，最终效果如下右图所示。

5.6.2 VRay太阳光

VRay太阳光主要用来模拟真实的室外太阳光，不仅可以模拟正午阳光，还可以模拟黄昏的阳光。VRay太阳光的参数如下左图所示。其光照原理如下右图所示。

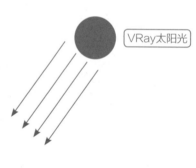

下面介绍各参数的含义。

- **启用**：控制是否开启太阳光。
- **强度倍增**：控制太阳光的强度。数值越大，太阳光越强烈。下左图是"强度倍增"为0.02的效果，下右图是"强度倍增"为0.05的效果。

- **大小倍增**：控制阴影的柔和度。该值将对物体的阴影产生影响，数值越小，产生的阴影越锐利。下左图是"大小倍增"为2的效果，下右图是"大小倍增"为20的效果。

- **过滤颜色**：控制灯光的颜色。
- **颜色模式**：设置颜色的模式类型，包括过滤、直射和覆盖。
- **天空模型**：设置天空的类型，包括Preetham et al.、CIE清晰、CIE阴天、Hosek et al.和改进。
- **浊度**：控制空气的清洁度。数值越大，灯光效果越暖。下左图是"浊度"为2.5的效果，下右图是"浊度"为10的效果。

- **臭氧**：控制臭氧层的厚度。数值越大，颜色越浅。

调整VRay太阳光的角度，可以模拟正午、黄昏的阳光效果。当VRay太阳光位于物体的上方时，模拟的是正午太阳高照的效果；当位于物体的侧面离地面较近时，模拟的是黄昏的阳光效果。

当VRay太阳光与水平线夹角很大时，如下左图所示。渲染后会得到中午的阳光效果，光线很充足，阴影也很短，如下右图所示。

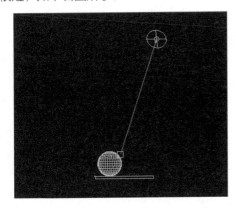

当VRay太阳光与水平线夹角很小时，如下左图所示。渲染后会得到黄昏的阳光效果，光线不充足，阴影很长，整体偏暖色调，如下右图所示。

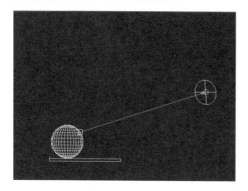 

5.6.3 VRayIES

VRayIES是一种类似目标灯光的灯光类型。选择光域网文件（*.IES），在渲染过程中光源的照明就会按照选择的光域网文件中的信息来表现，可以制作出普通照明无法做到的散射、多层反射等效果。

VRayIES的参数卷展栏如下图所示。

VRayIES的参数和VRay灯光、VRay太阳光类似，下面介绍VRayIES独有的参数的含义。

- **IES文件**：单击右侧的按钮，在打开的"打开"对话框中加载IES文件。
- **使用灯光形**：计算IES光指定的光的形状的阴影。
- **颜色模式**：该选项可以控制颜色的模式，包括颜色和色温。颜色决定光的颜色，色温决定光的颜色温度。

5.6.4 VRay环境光

VRay环境光主要用于模拟制作环境的天光效果。其参数比较简单，如右图所示。下面介绍各参数的含义。

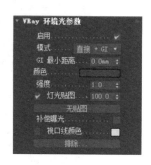

- **模式**：共包括3种模式，分别为直接+GI、直接灯光和GI。
- **GI最小距离**：控制全局照明的最小距离。
- **颜色**：指定哪些射线是由该灯光影响。
- **强度**：设置灯光的强度。
- **灯光贴图**：用于设置灯光的贴图。
- **补偿曝光**：VRay环境光和VRay物理摄影机同时使用时，此功能才生效。

5.7 光度学灯光的参数设置

光度学灯光与标准灯光一样，强度、颜色等是最基本的属性，但是光度学灯光还具有物理方面的参数，例如灯光的分布、形状和色温等。光度学灯光可以允许我们导入照明制造商提供的特定光度学文件，例如射灯。

光度学灯光包括"目标灯光""自由灯光"和"太阳定位器"3种类型，如右图所示。

目标灯光用来模拟射灯、筒灯等效果。自由灯光与目标灯光相比，只是缺少目标点。太阳定位器可以创建如同真实的太阳，并且可以调整日期和在地球上所在的经纬度。

在光度学灯光的多个参数卷展栏中，用户会发现"阴影参数""阴影贴图参数""大气和效果"和"高级效果"参数卷展栏与标准灯光中的参数一致，"常规参数"卷展栏也大致相同，而"强度/颜色/衰减"和"图形/区域阴影"卷展栏与标准灯光相比相差较大。此外，光度学灯光还存在特有的"分布(光度学Web)"卷展栏，下面将为用户介绍几种与标准灯光不同的常用参数卷展栏。

5.7.1 "常规参数"卷展栏

单击该参数卷展栏中"灯光分布（类型）"下拉按钮，从列表中可以选择"光度学 Web""聚光灯""统一漫反射"或"统一球形"来设置灯光的不同分布类型。"常规参数"卷展栏如右图所示。

- **光度学 Web分布：** 基于模拟光源强度分布类型的几何网格。
- **聚光灯分布：** 像闪光灯一样投影聚焦的光束。
- **统一漫反射分布：** 仅在半球体中投射漫反射灯光，像从某个表面发射的灯光。
- **统一球形分布：** 可在各个方向上均匀地投射灯光。

其中"聚光灯"和"光度学 Web"选项会有其对应的参数卷展栏，用于具体参数的调节。这两个参数卷展栏将在后面"'分布（聚光灯）'或'分布（光度学Web）'卷展栏"进行介绍。

5.7.2 "强度/颜色/衰减"卷展栏

"强度/颜色/衰减" 参数卷展栏用来设置光度学灯光的颜色、强度、暗淡和衰减极限等参数，如下页右图所示。

（1）颜色

- **灯光下拉列表**：拾取常见灯，使之近似于灯光的光谱特征，共有21种选择。
- **开尔文**：调整色温微调器，设置灯光的颜色，色温以开尔文度数表示。
- **过滤颜色**：模拟置于光源上的过滤色效果，例如红色过滤器置于白色光源上就会投影红色灯光效果。

（2）强度

在物理数量的基础上指定光度学灯光的强度或亮度，有lm（流明）、cd（坎德拉）和lx（勒克斯）3种单位用以设置光源的强度，其中lm测量灯光的总体输出功率（光通量），cd测量灯光的最大发光强度，lx测量以一定距离并面向光源方向投射到表面上的灯光所带来的照度。

5.7.3 "图形/区域阴影"卷展栏

该卷展栏用于选择生成阴影的灯光图形，在"从（图形）发射光线"组中展开下拉列表，可以选择"点光源""线""矩形""圆形""球形"和"圆柱体"6种类型来设置阴影生成的图形。

而当选择非"点光源"选项时，灯光维度和阴影采样参数控件将分别显示"从（图形）发射光线"组和"渲染"组，这时若勾选"渲染"组的"灯光图形在渲染中可见"复选框，灯光图形在渲染中会显示为自供照明（发光）的图形，而不勾选该复选框将无法渲染灯光图形，只能渲染它投影的灯光。

5.7.4 "分布(聚光灯)"或"分布(光度学Web)"卷展栏

正如上文所述，在"常规参数"卷展栏中"灯光分布（类型）"下拉列表中选择"聚光灯"或"光度学 Web"选项，则会对应出现"分布（聚光灯）"或"分布（光度学Web）"卷展栏供具体参数的调节。

（1）"分布（聚光灯）"卷展栏

当使用聚光灯分布创建或选择光度学灯光时，"修改"面板上将显示"分布（聚光灯）"卷展栏，该参数卷展栏中的参数控制聚光灯的聚光区或衰减区，其中"聚光区/光束"参数调整灯光圆锥体的角度，"衰减区/区域"参数调整灯光区域的角度。

（2）"分布（光度学Web）"卷展栏

该参数卷展栏用来选择光域网文件并调整web的方向，可以通过单击"选择光度学文件"按钮，打开"打开光域Web文件"对话框来指定光域Web文件，该文件可采用 IES、LTLI 或 CIBSE 格式，一旦选择某个文件后，该按钮上会显示文件名，而不带具体的扩展名。

- **Web 文件的缩略图**：缩略显示灯光分布图案的示意图，如下图鲜红的轮廓表示光束，而在某些Web 中，深红色的轮廓表示不太明亮的区域。

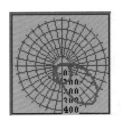 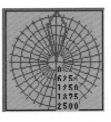 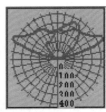

- **X 轴旋转：**沿着X轴旋转光域网，旋转中心是光域网的中心，范围为−180度至 180 度。
- **Y 轴旋转：**沿着Y轴旋转光域网，旋转中心是光域网的中心，范围为−180度至 180 度。
- **Z 轴旋转：**沿着Z轴旋转光域网，旋转中心是光域网的中心，范围为−180度至 180 度。

实战练习 使用目标灯光创建射灯

本节学习了光度学相关内容，目标灯光由灯光和目标点组成，可以制作射灯效果。下面介绍在墙上创建射灯的方法，还需要使用VRay灯光创建台灯和窗外的灯光。以下为具体的操作方法。

步骤 01 打开"创建射灯.max"文件，通过创建物理摄影机查看效果，如下左图所示。

步骤 02 在"创建"命令面板中，使用VRay灯光在"左"视图中绘制和窗户等大的平面灯光，并设置灯光方向，将其移到窗户外侧，如下右图所示。

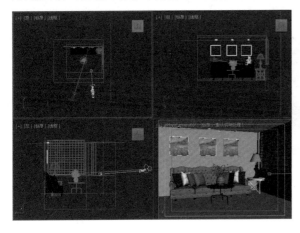 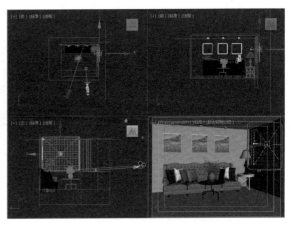

步骤 03 在"修改"命令面板的"常规"卷展栏中设置"倍增"为0.5，"颜色"为浅蓝色，如下左图所示。同时在"选项"卷展栏中勾选"不可见"复选框。

步骤 04 按Shift+Q组合键进行渲染，可见从窗户外透着微弱的蓝光，如下右图所示。

步骤 05 在"创建"命令面板中使用"光度学"中的"目标灯光",在沙发后墙上方的射灯处绘制目标灯光,并调整其位置,如下左图所示。

步骤 06 切换至"修改"命令面板,在"常规"卷展栏中设置"阴影"为"VRay阴影"、"灯光分布(类型)"为"光度学 Web",如下右图所示。

步骤 07 在"分布(光度学 Web)"卷展栏下方的通道上加载"shedeng.ies",在"强度/颜色/衰减"卷展栏中设置"过滤颜色"为浅黄色、"强度"为300,在"VRay阴影 参数"卷展栏中勾选"区域阴影"复选框,如下图所示。

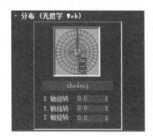

步骤 08 在"前"视图中按住Shift键移到目标灯光,在弹出的对话框中选中"实例"单选按钮,设置"副本数"的值为2,即可为其他两个射灯添加目标灯光,然后渲染,效果如下左图所示。我们在创建灯光时,可以根据渲染的效果适当调整。

步骤 09 创建球体的VRay灯光,并移到台灯模型处。在"修改"命令面板的"常规"卷展栏中设置"半径"为5cm、"倍增"为2,如下右图所示。同时在"选项"卷展栏中勾选"不可见"复选框。

步骤10 至此，场景中的灯光全都设置完成。因为场景中没有其他光源，所以整体是比较暗的。渲染后的效果如下图所示。

 ## 知识延伸：灯光的阴影

在场景中创建标准灯光和光度学灯光的任意类型的灯光，在"常规"卷展栏中可以对灯光的阴影进行设置，而且可以选择不同的阴影方式。阴影方式包括"阴影贴图""区域阴影""光线跟踪阴影""高级光线跟踪"和"VRay阴影"，其中"VRay阴影"在本章中已经介绍了。

（1）阴影贴图

阴影贴图是最常用的阴影生成方式，能够产生柔和的阴影，并且渲染速度很快。但是它会占用大量的内存，并且不支持使用透明度或不透明的贴图。

使用阴影贴图，会出现"阴影贴图参数"卷展栏，如右图所示。

- **偏移**：位图偏移面向或背离阴影投射对象的移动阴影。
- **大小**：设置用于计算灯光的阴影贴图大小。
- **采样范围**：采样范围决定阴影内平均有多少区域，影响阴影边缘的柔和程度。
- **绝对贴图偏移**：勾选该复选框后，阴影贴图的偏移未标准化，以绝对方式计算阴影贴图偏移量。
- **双面阴影**：勾选该复选框后，计算阴影时其背面将不被忽略。

（2）区域阴影

使用"区域阴影"后会打开"区域阴影"卷展栏，在卷展栏中可以选择产生阴影的灯光类型并设置阴影参数。"区域阴影"卷展栏如右图所示。

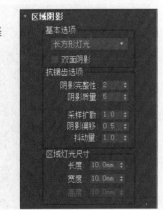

下面介绍卷展栏中各参数的含义。

- **基本选项**：在该选项组中可以选择生成区域阴影的方式，包括简单、长方形灯光、圆形灯光、长方体形灯光、球形灯光。
- **阴影完整性**：设置在初始光束投射中的光线数。
- **阴影质量**：设置在半影区域中投射的光线总数。
- **采样扩散**：设置模糊抗锯齿边缘的半径。
- **阴影偏移**：控制阴影和物体之间的偏移距离。

- **抖动量**：用于向光线位置添加随机性。
- **区域灯光尺寸**：该选项组中提供尺寸参数来计算区域阴影，该选项组参数并不影响实际的灯光对象。

（3）光线跟踪阴影

使用"光线跟踪阴影"功能可以支持透明和不透明贴图，产生清晰的阴影，但该阴影类型渲染计算速度较慢，不支持柔和的阴影效果。

选择"光线跟踪阴影"选项后，参数如右图所示。

- **光线偏移**：该参数用于设置光线跟踪偏移面向或背离阴影投射对象移动阴影的多少。
- **双面阴影**：勾选该复选框后，计算阴影时其背面将不被忽略。
- **最大四元树深度**：该参数可以调整四元树的深度。

（4）高级光线跟踪

"高级光线跟踪"有与"光线跟踪阴影"类似的特点。"高级光线跟踪"卷展栏如右图所示。

- **单过程抗锯齿**：从每一个照亮曲面中投射的光线数量都相同。
- **双过程抗锯齿**：第一批光线要确定是否完全照亮出现问题的点，是否向其投射阴影或其是否位于阴影的半影中。如果点在半影中，第二批光线将被投射，进一步细化边缘。

上机实训：制作夜晚的书房

本章介绍了3ds Max摄影机和灯光，以及VRay摄影机和灯光。下面通过制作夜晚的书房，进一步巩固所学的内容。本实例使用到标准的目标摄影机和VRay灯光。下面介绍具体操作方法。

扫码看视频

步骤01 打开"制作黄昏的书房.max"文件，在"创建"命令面板的"摄影机"中，单击"标准"的"目标"按钮，在"顶"视图中从书房的左上角向右下角创建目标摄影机，如下左图所示。

步骤02 切换至"前"视图，设置摄影机的高度，以及目标点的位置。高度在房间高度的一半左右，目标点位于椅子的靠背处。我们在调整时，可以在"透视"视图转换到添加Camera001标准摄影机视图中查看效果。如下右图所示。

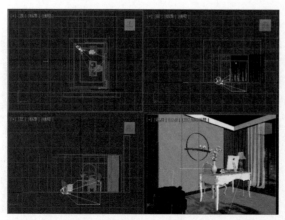
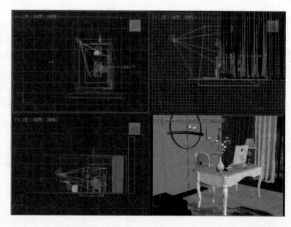

步骤 03 在界面的右下角通过"平移摄影机""环游摄影机""推拉摄影机"等按钮在Camera001标准摄影机视图中进一步调整角度，效果如下左图所示。

步骤 04 摄影机创建完成后再添加灯光，首先为窗外添加VRay平面灯光。在"创建"命令面板的"灯光"选项下，设置类型为VRay，然后单击"对象类型"卷展栏中的"VRay 灯光"按钮，灯光类型为"平面灯"，在"前"视图中绘制和窗户等大的灯光，如下右图所示。

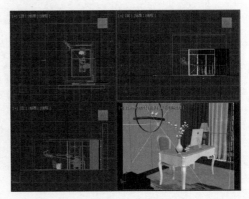

步骤 05 使用"选择并移动"工具，在"左"视图中将VRay灯光沿着X轴移到窗户外侧，并位于窗外平面之前，如下左图所示。

步骤 06 选择创建的VRay灯光，切换到"修改"命令面板，在"常规"卷展栏中设置"倍增"为0.01（因为夜晚的灯光很微弱）、"颜色"为深紫色，如下右图所示。在"选项"卷展栏中取消勾选"影响反射"复选框，勾选"不可见"复选框。

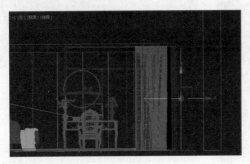

步骤 07 窗外的灯光设置完成后，执行"渲染>渲染"命令，查看灯光效果，可见书房内很暗，灯光是紫色的，反映出窗外夜景的颜色，如下左图所示。

步骤 08 接下来创建电脑屏幕发出的光。在"左"视图中绘制和电脑屏幕相同大小的VRay平面灯光，然后在"顶"视图中调整灯光的位置，使其位于电脑屏幕前，如下右图所示。

步骤 09 因为计算机屏幕是倾斜的，而创建的平面灯光是垂直的，所以还需要使用"选择并旋转"工具，使灯光旋转至与屏幕重合，如下左图所示。

步骤 10 选择创建的VRay平面灯光，在"修改"命令面板的"常规"卷展栏中设置"倍增"为0.05、"颜色"为白色，如下右图所示。在"选项"卷展栏中取消勾选"影响反射"复选框，勾选"不可见"复选框。

步骤 11 设置完成后，按Shift+Q组合键进行渲染。查看电脑屏幕灯光的效果，可见场景变亮了，窗外紫色的灯光也变淡了，如下左图所示。

步骤 12 使用VRay灯光，在"常规"卷展栏中设置"类型"为"球体"，然后在"顶"视图的台灯位置绘制球体的灯光，并移到台灯模型处，如下右图所示。

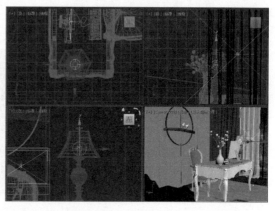

步骤 13 选择创建的球体灯光，在"修改"命令面板的"常规"卷展栏中设置"倍增"为0.05，"颜色"为黄色，如下左图所示。在"选项"卷展栏中取消勾选"影响反射"复选框，勾选"不可见"复选框。

步骤 14 此时，场景中所有灯光都设置完成。按Shfit+Q组合键进行渲染后，效果如下右图所示。

课后练习

一、选择题

（1）在当前视口中按下（　　）键，可以快速切换至摄影机视口。

    A. G　　　　　　　　　　　　　　　B. H

    C. J　　　　　　　　　　　　　　　D. C

（2）3ds Max中包括物理、目标和（　　）摄影机。

    A. VRay　　　　　　　　　　　　　B. 自由

    C. 标准　　　　　　　　　　　　　D. 以上都不是

（3）在场景中为圆形台灯创建VRay灯光时，在"常规"卷展栏中设置"类形"为（　　）。

    A. 平面灯　　　　　　　　　　　　B. 圆形灯

    C. 球体　　　　　　　　　　　　　D. 穹顶灯

（4）在目标光度学灯光中，可以载入光域网使用的灯光分布类型是（　　）。

    A. 统一球形　　　　　　　　　　　B. 聚光灯

    C. 统一漫反射　　　　　　　　　　D. 光度学Web

二、填空题

（1）在3ds Max中，当前视口处于透视图时，按下_____组合键可以基于当前透视创建出一个摄影机。

（2）在3ds Max中，标准的灯光类型包括_____、_____、_____、_____、_____和_____6种。

（3）在3ds Max中，VRay的灯光类型包括_____、_____、_____和_____4种。

三、上机题

    打开"为卧室场景添加灯光效果.max"文件，利用本章所学的VRay灯光、光度学灯光为卧室添加灯光，渲染的最终效果如下图所示。

3+✓ 第6章 3ds Max材质编辑器和VRay材质

本章概述

本章主要介绍3ds Max和VRay的材质。材质是描述对象如何反射或透射灯光的属性，是体现模型质感的因素。本章对材质编辑器、常用材质、VRay材质以及贴图等知识进行详细介绍。

核心知识点

① 熟悉3ds Max材质编辑器
② 掌握常用材质的应用
③ 掌握VRay材质的应用
④ 熟悉贴图的应用

6.1 3ds Max材质编辑器

在材质编辑器中，用户可以创建和编辑材质，并将贴图指定给相应的材质通道。材质编辑器是一个非常重要的独立窗口，场景中所有的材质都在该面板中制作完成。

6.1.1 打开材质编辑器和切换模式

在3ds Max中，打开"材质编辑器"窗口主要有两种方法：第一种是直接单击工具栏中"材质编辑器"按钮 （或者按M键），如下左图所示；第二种是执行"渲染>材质编辑器"命令，在子菜单中选择合适的材质编辑器，如右图所示。

在3ds Max中，提供了精简材质编辑器和Slate材质编辑器两种材质编辑器面板，前者与后者相比较小，精简材质编辑器主要由菜单栏、材质球、工具栏和参数卷展栏四部分组成。下左图为精简材质编辑器窗口，下右图为Slate材质编辑器窗口。

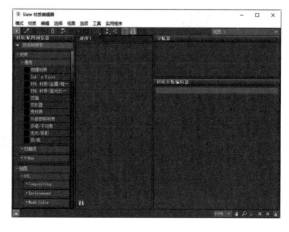

材质编辑器的两种模式是可以相互切换的，在任意一种模型下单击菜单栏中的"模式"按钮（以"slate材质编辑器"为例），在菜单中选择模式命令即可，如下图所示。

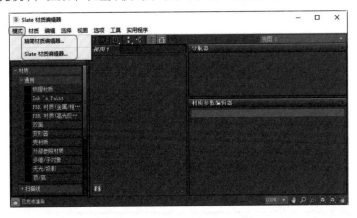

6.1.2　精简材质编辑器的参数

精简材质编辑器主要由菜单栏、材质球、工具栏和参数卷展栏四部分组成，如下图所示。其中菜单栏中很多命令和工具栏中的功能按钮重复，建议首选工具栏中的按钮，这样更便捷。

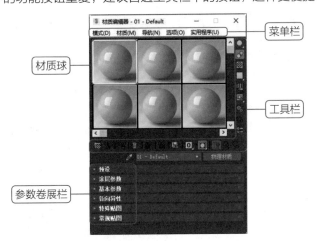

（1）菜单栏

位于面板界面的顶部，提供了另一种调用各种材质编辑器工具的方式，由"模式""材质""导航""选项"和"实用程序"五个菜单组成。

● **模式：**用于精简材质编辑器和Slate材质编辑器之间的切换操作。

● **材质、导航：**这两个菜单中包含一些常用的管理和更改贴图及材质的子菜单，其中大部分子菜单的功能与工具栏中的按钮功能一致，可参考下文。

● **选项：**提供了一些附加的工具和显示选项，其中"循环切换3X2、5X3、6X4示例窗"子菜单命令可以将示例窗数目在3X2、5X3和6X4间进行循环，示例窗最多数目为24个。

● **实用程序：**提供了渲染贴图和按材质选择对象等命令，其中"重置材质编辑器窗口"命令可将默认的材质类型替换材质编辑器示例窗口中的所有材质，此操作不可撤销。而"精简材质编辑器窗口"命令可将示例窗口中所有未使用的材质设置为默认类型，只保留场景中的材质，并将这些材质移动到编辑器的第一个示例窗中，此操作同样不可撤销。但"重置材质编辑器窗口"和"精简材质编辑器窗口"命令都可用"还原材质编辑器窗口"命令还原示例窗口以前的状态。

（2）材质球

材质球是用来显示材质效果的工具，它可以很直观地显示出材质的基本属性，例如反光、折射等。为材质球获取材质后，选中材质球后按住鼠标中键可以旋转材质球。

① 采样数目

默认情况下，示例窗中有6个材质球，示例窗最多显示24个材质球。在"材质编辑器"窗口中执行"选项>循环切换3×2、5×3、6×4示例窗"命令，即可循环切换3×2、5×3、6×4模式。但是无论如何切换，材质编辑器中只能找到24个材质球。

② 复制材质球

如果在场景中需要制作两种类似的材质效果，可以复制材质球快速制作另一个。选中一个材质球，将其拖拽到另一个材质球上，即可完成复制材质球的操作，如下左图和下右图所示。

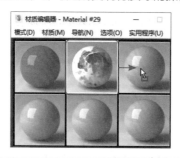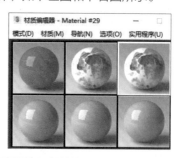

提示：找回之前设置的材质

当我们重置材质编辑器窗口后，之前应用的材质球会变为未使用的状态，此时如何找回之前设置的材质呢？只需要选中未使用的材质球，单击"从对象拾取材质"按钮 ，如下左图所示。在视图中的模型上单击即可找到该材质，如下右图所示。

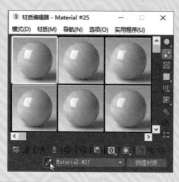

（3）工具栏

精简材质编辑器中的工具栏由两部分组成，分别位于示例窗的底部和右侧面，共包括21个按钮。应用工具栏可以快速实现相应的效果，例如获取材质、将材质放入场景和将材质指定给对象等。

① 示例窗底部工具栏

- **获取材质**：单击该按钮可以打开"材质/贴图浏览器"窗口。在该窗口中，用户可以选择材质或贴图类型，也可以单击"材质/贴图浏览器选项"下拉按钮进行材质库的新建与打开等操作。
- **将材质放入场景**：在编辑材质之后，更新场景中的材质。
- **将材质指定给选定对象**：将活动示例窗中的材质应用于场景中当前选定的对象，同时在示例窗中将成为热材质。选中模型，在"材质编辑器"中选择材质球，再单击该按钮即可将材质赋予选定的模型，如下左图、下中图和下右图所示。

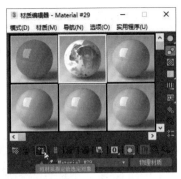

- **重置贴图/材质为默认设置：** 可以将活动示例窗中的贴图或材质的值重置。
- **生成材质副本：** 通过复制自身的材质，生成材质副本而冷却当前热示例窗。
- **使唯一：** 可以使贴图实例成为唯一的副本，还可以使一个实例化的子材质成为唯一的独立子材质，可以为该子材质提供一个新材质名，其中子材质是"多维/子对象"中的一个材质。
- **放入库：** 可以将选定的材质添加到当前库中。
- **材质ID通道：** 按住该按钮不放，可以弹出诸多材质ID通道按钮，这些按钮能将材质标记为"视频后期处理"效果或渲染效果，或存储以RLA或RPF文件格式保存的渲染图像的目标，以便通道值可以在后期处理应用程序中使用，材质 ID 值等同于对象的G缓冲区值。
- **视口中显示明暗处理材质：** 按住此按钮不放，可以将贴图在视口中以两种显示方式进行切换，这两种方式是：明暗处理贴图 (Phong) 和真实贴图（全部细节）。
- **显示最终结果：** 可以查看所处级别的材质，而不查看所有其他贴图和设置的最终结果。
- **转到父对象：** 可以在当前材质中向上移动一个层级。
- **转到下一个同级项：** 将移动到当前材质中相同层级的下一个贴图或材质。

② 示例窗右侧面工具栏
- **采样类型：** 选择要显示在活动示例窗中的几何体类型，有球体、圆柱体和正方体三种。
- **背光：** 将背光添加到活动示例窗中。默认情况下，此按钮处于启用状态。
- **背景：** 启用该按钮可以将多颜色的方格背景添加到活动示例窗中，如果要查看有/无透明度的效果，该图案背景很有帮助。
- **采样UV平铺：** 按住该按钮不放，弹出可以在活动示例窗中调整采样对象上的贴图图案重复的不同按钮。
- **视频颜色检查：** 用于检查示例对象上的材质颜色是否超过安全NTSC或PAL阈值。
- **生成预览：** 按住该按钮可弹出生成预览、播放预览和保存预览三个按钮，为动画贴图向场景添加运动。
- **选项：** 单击该按钮可以打开"材质编辑器选项"对话框，用于控制如何在示例中显示材质和贴图。
- **按材质选择：** 可以基于"材质编辑器"中的活动材质选择对象。该活动示例窗需包含场景中使用的材质，否则此命令不可用。
- **材质/贴图导航器：** 单击该按钮可以打开一个无模式对话框，在该对话框中可以通过材质中贴图的层次或复合材质中子材质的层次快速导航。

（4）参数卷展栏
位于材质编辑器界面的下部，几乎所有的材质参数都在这里进行设置，是用户使用最为频繁的区域。不同的材质类型具有不同的卷展栏，其参数卷展栏将在"常用材质"一节中进行详细介绍。

6.2 常用材质

安装好VRay 5.1后，在菜单栏中执行"渲染>材质/贴图浏览器"命令，或者在"材质编辑器"窗口中单击"物理材质"按钮，如下左图所示。在打开的"材质/贴图浏览器"对话框中会显示相关的材质，如下右图所示。

 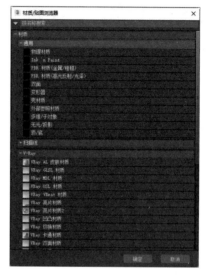

在"材质"卷展栏中包括"通用""扫描线"和"VRay"子卷展栏，每种子类别下都有数目不等的材质类型。"通用"类别下的材质适用于各种渲染器，主要包括物理材质、双面、多维/子对象、顶/底和混合等，其中双面、多维/子对象、顶/底和混合材质属于复合材质类型。用户若要使用VRay材质类型，首先应安装VRay渲染器插件，方能使用相应材质。VRay材质种类繁多，达20多种，在日常工作中应用较为广泛，效果较为理想。

6.2.1 标准材质

在3ds Max中，标准材质是使用最为普遍的材质类型，它可以模拟对象表面的反射属性。标准材质既可以为对象提供单一的颜色，也可以使用贴图制作更为复杂多样的材质。在"材质/贴图浏览"窗口中应用"标准（旧版）"材质后，在"材质编辑器"窗口中显示相关参数卷展栏，主要包含"明暗器基本参数""Blinn基本参数""扩展参数""超级采样"和"贴图"多个卷展栏，如右图所示。

（1）"明暗器基本参数"卷展栏

该卷展栏主要为活动材质选择不同的着色类型（即明暗处理类型），此外还附加一些影响材质显示方式的控件，明暗器类型如下左图所示。

在标准材质和光线跟踪材质中都可指定明暗处理类型。"明暗器"是一种用于描述曲面响应灯光方式的算法，每个明暗器最明显的特征之一就是生成反射高光的方式不同。在"明暗器基本参数"卷展栏中，单击明暗器下拉列表，从列表中可选择所需明暗器类型的名称，共8种。下右图依次为各向异性、Blinn、金属、多层、Oren-Nayar-Blinn、Phong、Strauss和半透明明暗器效果球展示。

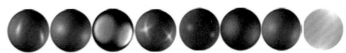

- **各向异性**：该明暗器在对象表面上使用椭圆形，在U维和V维两个不同维度创建高光，这些高光在表现头发、玻璃或磨砂金属效果时用处显著，所以上述情况多使用"各向异性"明暗器。
- **Blinn**：最常用的一种明暗器，可以获得灯光以低角度擦过对象表面时产生的高光，使用该明暗器处理明暗时往往能比Phong处理得到更圆、更柔和、更显细微变化的高光。
- **金属**：用于处理效果逼真的金属表面以及各种看上去像有机体的材质。
- **多层**：有着比各向异性更复杂的高光，包括一套两个反射高光控件，适用于高度磨光的曲面。
- **Oren-Nayar-Blinn**：在Blinn明暗器基础上进行的改变，适用于布料或陶土等无光曲面。
- **Phong**：该明暗器可以平滑面之间的边缘，还可以真实地渲染有光泽、规则曲面的高光，适用于具有强度很高的圆形高光的表面。
- **Strauss**：适用于金属和非金属曲面。
- **半透明明暗器**：该处理器与Blinn明暗处理方式类似，用于指定光线透过材质时散布的半透明度。
- **线框**：以线框模式渲染材质，用户可以在扩展参数上设置线框的大小。
- **双面**：使材质成为双面，将材质应用到选定面的双面上。
- **面贴图**：将材质应用到几何体的各面。如果材质是贴图材质，则不需要使用贴图坐标，贴图会自动应用到对象的每一面。

（2）"Blinn 基本参数"卷展栏

不同的明暗器对应不同的基本参数卷展栏，基本参数卷展栏会因所选的明暗器而异。Blinn明暗器最为常用，也是系统默认的明暗器，下面将以"Blinn基本参数"卷展栏为例，讲解材质的多种参数，如右图所示。

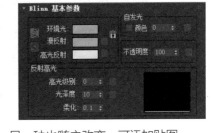

- **环境光和漫反射**：设置材质的颜色。"环境光"颜色控制阴影中的颜色（受间接灯光影响），"漫反射"颜色控制直射光中的颜色。一般情况下锁定两种颜色，使它们保持一致，更改其一另一种也随之改变，可添加贴图。
- **高光反射**：控制物体高亮处显示的颜色，可指定贴图，也可在"反射高光"组中控制高光的大小和形状。
- **自发光**：可以使材质从自身发光。勾选复选框时，自发光的颜色可替换曲面上的阴影，从而创建白炽效果。当增加自发光时，自发光颜色将取代环境光，可为自发光添加贴图。
- **不透明度**：控制材质是不透明、透明还是半透明效果，单击贴图按钮可指定不透明度贴图。
- **高光级别**：影响"反射高光"的强度，值越大，高光将越亮。在标准材质中默认值为0，可添加贴图。
- **光泽度**：影响"反射高光"的区域大小。随着该值增大，高光区域将越来越小，材质也将变得越来越亮。在标准材质中默认值为10，单击其后的贴图按钮可指定光泽度贴图。
- **柔化**：用于柔化反射高光的效果，特别是由掠射光形成的反射高光。当"高光级别"值很高，而"光泽度"值很低时，对象表面上会出现强烈的背光效果，这时增加"柔化"的值可以减轻这种效果。0表示没有柔化，1表示将应用最大量的柔化，默认设置为0.1。

- **高光图**：该曲线显示调整"高光级别"和"光泽度"数值的效果。如果降低"光泽度"时，曲线将变宽，而增加"高光级别"时，曲线将变高。

（3）"扩展参数"卷展栏

"扩展参数"卷展栏除在Strauss和半透明两种明暗器下不同外，在其余6种明暗处理类型下都是相同的，它可以设置"高级透明""反射暗淡"和"线框"选项组相关参数，如右图所示。

- **高级透明**：该选项组中提供的控件影响透明材质的不透明度衰减等效果。
- **反射暗淡**：该选项组中提供的参数可使阴影中的反射贴图显得暗淡。
- **线框**：该选项组中的参数用于控制线框的单位和大小。

6.2.2 物理材质

物理材质是一种专注控制基于物理工作流的现代的、分层的材质类型，与ART渲染器兼容使用，效果真实理想，但其渲染时间较长。物理材质的参数界面有"简单"和"高级"两种模式，"高级"模式是"标准"模式的超集，包括一些隐藏的参数，"标准"模式下的参数在大多数情况下足以生成切实可用的材质。下左图为"简单"模式的卷展栏，下右图为"高级"模式的卷展栏。

两种模式中的"预设""涂层参数""各向异性""特殊贴图"和"常规贴图"5个卷展栏完全相同，而"高级"模式下的"基本参数"卷展栏较"标准"模式多了一些附加参数。下面将为用户介绍主要参数卷展栏中的具体参数含义。

（1）"高级"模式下的"基本参数"卷展栏

①"基本颜色"选项组

该选项组包含材质基础颜色的颜色、权重、贴图及漫反射粗糙度等参数设置。

②"反射"选项组

- **权重**：控制反射的相对度量，取值范围为0~1。通常设置为1来获得逼真的效果，可添加贴图。
- **颜色**：控制反射的颜色，默认为白色，可单击"颜色"旁边的按钮来选择贴图等。
- **粗糙度**：控制材质的粗糙度。较高的粗糙度值产生较模糊的效果，反之则产生更为镜面状的效果。可以勾选其后的"反转"复选框进行反转操作。
- **金属度**：控制在两个明暗处理模式之间的混合量，用于金属材质和非金属材质的渲染效果。当"金属度"为 0时，"粗糙度"分别为0、0.5和1的效果，如下图所示。

当"金属度"为1时,"粗糙度"分别为0、0.5和1的效果,如下图所示。

● **折射率(IOR)**:该参数定义的是有多少光线进入媒介时发生弯曲,即材质的Fresnel反射率,默认情况下使用角函数。实际上,即定义曲面上面向查看者的反射与曲面边上的反射之间的平衡。

③ "透明度"选项组

● **粗糙度**:定义了透明度的清晰度,即透明曲面上的不齐整、脊形或凸出效果。默认情况下,透明度的粗糙度值锁定与反射率的粗糙度锁定,可以通过取消锁定图标来断开链接值。其中,0是透明平滑的(像窗玻璃),1为非常粗糙,即数值越高粗糙效果越显著(像毛玻璃)。"粗糙度"分别为0、0.3和0.6的效果,如下图所示。

● **深度**:当"深度"值为0时,则以传统计算机图形方式计算"曲面"上的透明度,光线不受媒介内传播的影响,对对象的厚度也没有任何影响。当值不为0时,光线将受媒介的吸收影响,从而在指定的深度上具有给定的颜色。当勾选"薄壁"复选框时,模型面不表示实体的边界表面,深度没有任何作用,当光线穿过材质时不发生折射。当"深度"值为0和启用"薄壁"复选框时的效果,如下图所示。

④ "次表面散射"/"半透明"选项组

"次表面散射"选项组定义对象内光线的散射，控制光线在材质内的传播状况，可使光线在材质中移动时进行着色。在"透明度"选项组中启用"薄壁"模式后，"次表面散射"选项组将变为"半透明"选项组，如右图所示。这是因为"次表面散射"是一个体积效应，而"薄壁"模式没有体积。

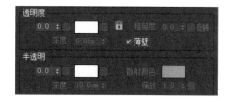

⑤ "发射"选项组

该选项组是在其他明暗处理之上添加光线，发射效果由"权重和颜色"乘以"亮度"来定义，此外由开尔文色温染色（数值6500时为白色）。

- **权重和颜色**：自发光的相对度量和颜色，颜色受开尔文温度影响。
- **亮度**：曲面的发光度，以cd/m² （也称为"nits"）为单位。"亮度"值分别为1500、5000和10000的效果，如下图所示。

- **开尔文**：发光度发射的开尔文温度，与颜色相互影响。

（2）"涂层参数"卷展栏

物理材质具有给材质添加涂层的功能，该涂层在所有其他明暗处理效果之上充当透明涂层，涂层始终具有反射性（具有给定的粗糙度），并被假定为绝缘体，反射率基于使用给定的涂层折射率的Fresnel等式，反射光始终是白色，现实生活中的涂漆木材就是涂层效果的一个很好的例子。"涂层参数"卷展栏包括涂层权重和颜色、粗糙度和折射率等参数，如右图所示。

- **权重和颜色**：涂层的厚度和基础颜色。下图为在一个菱形贴图上应用涂层权重，并且使用白色、绿色和红色不同的涂层颜色的效果。

- **粗糙度**：曲面上的不整齐、脊形或凸出物的数量。
- **涂层折射率**：涂层的折射率级别，仅影响折射的角度依赖关系，涂层实际上不折射灯光。
- **"影响基本"选项组中的颜色**：通过"颜色"值来控制涂层对基本材质产生的明暗效果级别。
- **"影响基本"选项组中的粗糙度**：利用"粗糙度"来控制涂层对基本材质产生的粗糙模糊效果级别，涂层越粗糙，对基本材质的粗糙度产生的影响越大。

（3）"各向异性"卷展栏

物理材质的"各向异性"卷展栏可在指定的方向上拉伸高光和反射，以提供具有颗粒的特殊效果。在拉丝金属等材质中效果显著，其中特定颗粒提供了在不同方向上具有不同表面粗糙度的视觉效果。

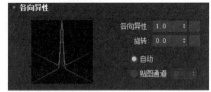

- **各向异性**：定义"拉伸"效果的程度。原则上，它是水平与垂直粗糙度值之间的比率，这意味着，数值为1时不会产生拉伸效果。
- **旋转**：该值可以旋转各向异性效果，从0到1是一个完整的360度旋转。

6.3   VRay材质

用户在安装VRay渲染器并将其指定为活动渲染器后，即可使用一种特殊的材质类型——VRay材质。在VRay材质中，包含一系列用于模拟不同物体表面特性的材质类别，比如表现塑料、金属、半透明或发光物体等，有20多种。

在"材质编辑器"中单击"物理材质"按钮，在弹出的"材质/贴图浏览器"对话框中展开VRay卷展栏，可以看到所有的VRay材质类型。

6.3.1   VRayMtl材质

VRayMtl材质可以制作出很多逼真的材质质感，在室内设计中应用最为广泛，尤其擅长表现具有反射、折射等属性的材质。VRayMtl材质中主要包括漫反射、反射和折射三大属性。打开VRayMtl材质"基本参数"卷展栏，如下图所示。

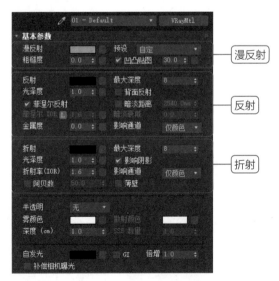

（1）漫反射

漫反射可以模拟一般物体的真实颜色，也可以理解为某种材质的特定颜色。其参数主要包括漫反射和粗糙度。

- **漫反射**：控制固有色的颜色。将漫反射设置为黄色时，材质就是黄色，如下左图所示；设置为蓝色时，材质就变为蓝色，如下右图所示。

- **粗糙度：** 数值越大，粗糙效果越明显，可以用该选项来模拟绒布的效果。
- **预设：** 在列表中包含20多种VRay预先设定好的材质，可以直接使用。例如，在列表中选择"铜（粗糙）"，则材质就是铜色的，如下左图所示；在列表中选择"玻璃（磨砂）"，则材质就会变为透明的，渲染后的效果如下右图所示。

（2）反射

设置"反射"的属性可以制作反光的材质，根据反射的强弱可以制作出不同的质感，例如镜子、金属、大理石等材质。

- **反射：** 反射颜色控制反射强度，颜色越深，反射越弱；颜色越浅，反射越强。默认为黑色，表示没有反射。下左图是反射为黑色的效果，下右图是反射为白色的效果。

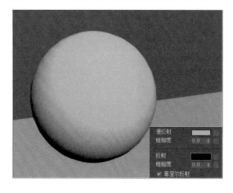 

- **光泽度：** 该参数控制反射的光泽度和清晰度。数值为1时产生镜面反射，低值产生模糊的反射。通常修改该数值制作磨砂的质感，数值越小，磨砂效果越强。下左图是"光泽度"为1的效果，下右图是"光泽度"为0.2的效果。

- **菲涅尔反射**：勾选该复选框后，反射的强度会减弱，并且材质会变得更光滑。
- **菲涅耳 IOR**：指定计算菲涅尔反射时使用的折射率，通常该值被锁定，解除锁定后可进行精细的控制。
- **最大深度**：指定光线可以反射的次数。当材质具有大量的反射和折射时，需要设置更大的数值。
- **暗淡距离**：用来控制暗淡距离的数值。
- **影响通道**：指定受材质反射影响的通道，有"仅颜色""颜色+alpha"和"所以通道"3个选项。
- **金属度**：该值为0时，材质效果更像绝缘体；该值为1时，材质效果更像是金属。

（3）折射

透明类材质根据折射的强弱而产生不同的质感。在设置这类材质时需要注意，反射颜色要比折射颜色深，否则无论折射颜色是否设置为白色，渲染后都会出现镜面的效果。

- **折射**：指定折射量和折射颜色，折射量取决于颜色的灰度或亮度值，当颜色越白（即灰度值趋于255）时，物体越透明；而当颜色越黑（即灰度值趋于0）时，物体越不透明。下左图为将花瓶的"折射"设置为黑色的效果，下右图为将花瓶的"折射"设置为白色的效果。

- **光泽度**：控制折射的清晰或模糊程度。数值越趋于1，产生折射的效果越清晰；数值越趋于0，效果越模糊。
- **折射率**：控制折射率，描述光穿过物体表面时的弯曲方式。当物体的折射率为1时，光不会改变方向。
- **阿贝数**：Abbe number，表示色散系数。勾选该复选框后，可以增加或减小色散效应。

（4）半透明和自发光

- **半透明**：选择用于计算半透明算法（又称"次表面散射"）。当有折射存在时，此值才有意义。
- **雾颜色**：指定光线穿过物体后的衰减情况。当烟雾颜色为白色时，光线不会被吸收衰减。
- **自发光**：控制物体表面的自发光效果。当勾选其后的GI复选框时，自发光会影响全局光照，并允许对邻近物体投光，而"倍增"值可以影响自发光值。

我们学习了VRayMtl材质的折射，接下来将制作有色玻璃的材质。下面介绍具体的操作方法。

步骤01 打开"椅子.max"文件，单击工具栏中"材质编辑器"按钮 ，打开"材质编辑器"窗口后选择空白材质球，单击"物理材质"按钮，在打开的"材质/贴图浏览器"对话框中选择VRayMtl，单击"确定"按钮，如下左图所示。

步骤02 在"基本参数"卷展栏中设置"漫反射"为浅灰色、"反射"为浅灰色、"折射"为白色、"雾颜色"为深蓝色、"深度"为3，如下右图所示。

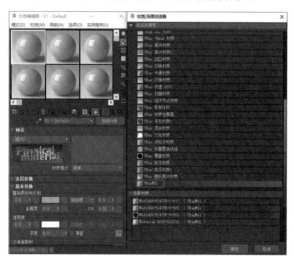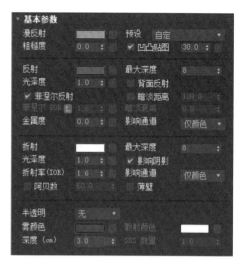

步骤03 设置完成后，将材质赋予椅子模型并进行渲染，有色玻璃材质的效果如下图所示。

6.3.2 其他VRay材质

VRay渲染器提供的材质类别中，除了最常用的VRayMtl材质外，VRay双面材质、VRay灯光材质、VRay材质包裹器和VRay车漆材质也较为常用。

（1）VRay双面材质

VRay双面材质与3ds Max中提供的双面材质相似，是VRay渲染器提供的一种实用的材质类型。因该材质允许看到物体背面的光线，为物体的前面和后面指定两种不同的材质，所以多用来模拟纸、布窗帘、树叶等半透明物体的表面。添加VRay双面材质后，其"参数"卷展栏如右图所示。

下面介绍各参数的含义。

- **正面材质**：用于物体正表面材质的设置。
- **背面材质**：用于物体内表面材质的设置，其后的复选框可启用或禁用该子材质。
- **强制单面子材质**：启用该复选框后，只表现其中一个子材质。
- **半透明**：设置两种子材质之间相互显示的程度值。该值的取值范围是从0到100的百分比。设置为100% 时，可以在内部面上显示外部材质，并在外部面上显示内部材质；设置为50%时，内部材质指定的百分比将下降，并显示在外部面上。

（2）VRay灯光材质

VRay灯光材质是一种可以使物体表面生产自发光的特殊材质类型，允许用户将该自发光材质的对象作为实际直接照明光源，还允许将对象转换为实际光源。其参数卷展栏如右图所示。

- **颜色**：指定材质的自发光颜色，右侧的数值框用来设置自发光的强度。
- **不透明度**：用贴图纹理来控制材质的不透明度。
- **背面发光**：勾选该复选框后，物体的背面也发射光。
- **补偿相机曝光**：控制相机曝光补偿的数值。
- **倍增颜色的不透明度**：勾选后，按照控制将不透明度与颜色相乘。

实战练习 使用VRay灯光材质制作计算机屏幕的发光效果

在第5章的上机实训中，我们使用VRay灯光制作了计算机屏幕的发光效果。本节学习了VRay灯光材质后，我们可以制作自发光的材质作为计算机屏幕。下面介绍具体操作方法。

步骤 01 打开"制作夜晚书房.max"文件，在"左"视图中删除计算机屏幕上的VRay灯光。在"创建"命令面板的"标准基本体"中单击"长方体"按钮，在"左"视图中绘制和计算机屏幕等大的长方体，如下左图所示。

步骤 02 通过"移动并旋转"工具使绘制的长方体贴合在计算机屏幕上，在"修改"命令面板中设置长方体的"高度"为3mm，效果如下右图所示。

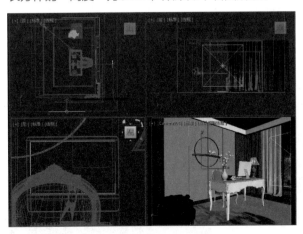

步骤 03 打开"材质编辑器"窗口，选择空白材质球，单击"物理材质"按钮，在打开的"材质/贴图浏览器"对话框中选择"VRay灯光材质"，单击"确定"按钮，如下左图所示。

步骤 04 在"参数"卷展栏中设置"颜色"为浅灰色，其右侧数值为0.2，材质球的效果如下右图所示。

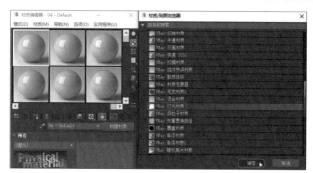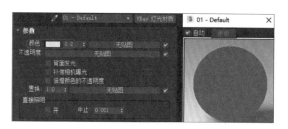

步骤 05 为了展示VRay灯光材质的效果，将场景中台灯的灯光和窗户外的灯光都删除，渲染效果如下图所示。

（3）VRay材质包裹器

VRay材质包裹器用于控制应用基础材质后物体的全局照明、焦散等属性设置，这些属性也可以在"对象属性"对话框中设置。如果场景中某一材质出现过亮或色溢情况，可以用VRay材质包裹器将该材质嵌套起来，从而控制自发光或饱和度过高材质对其他对象的影响。

"VRayMtl材质包裹器参数"卷展栏如右图所示。各参数的含义如下。

- **基础材质：** 用来设置基础材质参数，此材质必须是VRay渲染器支持的材质类型。
- **其他曲面属性：** 该选项组中的参数用于设置物体在场景中的全局照明和焦散等相关属性。
- **无光泽属性：** 该选项组中的参数用于设置物体在渲染过程中是否可见、是否产生反射/折射、是否产生阴影和接收全局照明的程度等。
- **其他：** 用来设置全局照明曲面ID的参数。

（4）VRay车漆材质

VRay车漆材质通常用来模拟车漆材质的效果。其材质包括三层，分别为基础层、亮片层和清漆层，因此可以模拟真实的车漆层次效果。参数面板如右图所示。

- **基础颜色**：基础层的漫反射颜色。
- **基础反射**：基础层的反射率。
- **基础光泽度**：基础层的反射光泽度。
- **基础跟踪反射**：取消勾选该复选框时，基础层仅产生镜面高光，而没有反射光泽度。
- **亮片颜色**：金属亮片的颜色。
- **亮片光泽度**：金属亮片的光泽度。
- **亮片方向**：亮片与建模表面法线的相对方向。
- **亮片密度**：固定区域中的密度。
- **亮片比例**：亮片结构的整体比例。
- **亮片大小**：亮片的颗粒大小。
- **亮片种子**：产生亮片的随机种子数量，使得亮片结构产生不同的随机分布。
- **亮片过滤**：选择对亮片进行过滤的方式。
- **亮片贴图大小**：指定亮片贴图的大小。
- **亮片映射类型**：指定亮片映射的方式。
- **亮片贴图通道**：当贴图类型是"明确UVW通道"时，薄片贴图所使用的贴图通道。
- **亮片追踪反射**：当关闭时，基础层仅产生镜面高光，而没有真实的反射。
- **清漆层颜色**：镀膜层的颜色。
- **清漆层强度**：直视建模表面时，镀膜层的反射率。
- **清漆层光泽度**：镀膜层的光泽度。
- **清漆层追踪反射**：当关闭时，基础层仅产生镜面高光，而没有真实的反射。
- **追踪反射**：取消勾选该复选框时，来自各个不同层的漫反射将不进行光线跟踪。
- **双面**：勾选该复选框时，材质是双面的。
- **环境优先权**：指定该材质的环境覆盖贴图的优先权。

6.4 贴图

贴图是指材质表面的纹理样式，在不同材质属性上加载贴图会产生不同的质感。贴图是与材质紧密联系的功能，通常都会在设置对象材质的某个属性时为其添加贴图。

在3ds Max中，根据各个贴图使用方法和效果的不同，可以将系统提供的众多贴图大致分为五类，即2D贴图、3D贴图、合成器贴图、颜色修改器贴图、反射和折射贴图。

6.4.1 认识贴图通道

3ds Max有很多贴图通道，每一种通道用于控制不同的材质属性效果，在不同的通道上添加贴图会产生不同的作用。例如在"漫反射"通道上添加贴图会产生固有色的变化，因此需要先设置材质，后设置贴图。

（1）在参数后面的通道上添加贴图

添加某个材质后，在卷展栏中设置参数时，单击右侧添加贴图图标。例如在"漫反射"通道上添加贴图，单击右侧贴图图标，如下左图所示。打开"材质/贴图浏览器"对话框，选择合适的贴图，单击"确定"按钮，如下右图所示。

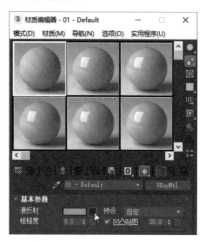 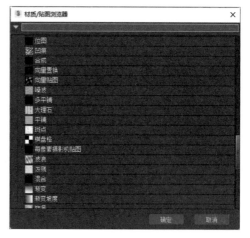

（2）在"贴图"卷展栏中的通道上添加贴图

在"材质编辑器"的"贴图"卷展栏中进行贴图的添加，该卷展栏中有很多贴图通道，单击任一通道按钮，即可打开"材质/贴图浏览器"来选择相应贴图类型，如下图所示。

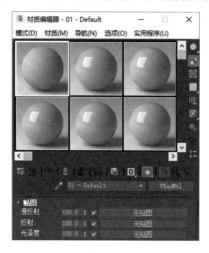 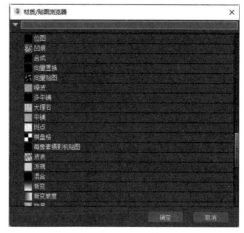

6.4.2 2D贴图

2D贴图是一种作用于几何对象表面的二维图像贴图，可用作环境贴图来为场景创建背景。最简单常用的2D贴图是位图，下面介绍几种常用的2D贴图。

（1）位图

"位图"是最为常用的贴图类别。单击"贴图"卷展栏任一贴图通道按钮，在打开的"材质/贴图浏览器"中选择"贴图"卷展栏中的"位图"选项，即可添加位图，下左图为"位图"的参数卷展栏。"坐标"卷展栏如下右图所示。

下面介绍"坐标"卷展栏中常用参数的含义。

● **偏移：** 设置贴图的位置偏移效果。下左图是"偏移"为0的效果，下右图是"偏移"为0.5的效果。

● **瓷砖：** 设置贴图在X轴和Y轴平铺重复的程度。下左图是"偏移"为0，"瓷砖"为1的效果，下右图是"偏移"为0，"瓷砖"为3的效果。

● **角度：** 设置贴图在X轴、Y轴、Z轴的旋转角度。
● **模糊：** 设置贴图的清晰度。数值越小越清晰，渲染越慢。
● **裁剪/放置：** 位于"位图参数"卷展栏中，勾选"应用"复选框，单击"查看图像"按钮，在打开的窗口中框选部分区域，该区域就是应用贴图的部分，区域之外的部分不会被渲染出来。单击"查看图像"按钮，调整红色框选区域的控制点，使需要的部分位于裁剪框内，如下左图所示。勾选"应用"复选框后，茶壶模型如下右图所示。

（2）平铺

用户可以利用"平铺"贴图快速创建按一定规律重复组合的贴图类别，常用于砖块效果的创建，多在"漫反射"和"凹凸"通道上使用。砖块的平铺纹理颜色、砖缝的颜色和尺寸可在"高级控制"卷展栏中设置，下左图为"平铺"卷展栏。

（3）渐变

用户可以利用"渐变"贴图将两种或三种颜色相互混合形成新的贴图效果，各颜色间的颜色过渡或相互间的混合位置等参数可在"渐变参数"卷展栏中进行设置，下右图为"渐变"卷展栏。

（4）渐变坡度

"渐变坡度"贴图与"渐变"贴图类似，但是可以指定任何数量的颜色或贴图，参数更为复杂多样，并且几乎任何参数都可以设置关键帧。下左图为"渐变坡度"卷展栏，下右图为设置的效果。

6.4.3　3D贴图

3D贴图是利用程序以三维方式生成的图案贴图。将3D贴图指定给选定对象，如果将该对象的一部分切除，那么切除部分的纹理与对象其他部分的纹理相一致。噪波和衰减是最为常用的两种3D贴图。

（1）噪波

"噪波"贴图是在两种颜色或材质贴图之间进行交互，从而在对象曲面生成的随机扰动。"噪波"卷展栏如下左图所示。

- **噪波类型**：包括"规则""分形"和"湍流"3种类型。
- **噪波阈值**：控制噪波中黑色和白色的显示效果。下中图是设置"高"为1的效果，下右图是设置"高"为0.5的效果。

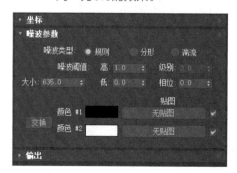

- **大小**：设置噪波波长的距离。
- **级别**：用于设置"分形"和"湍流"方式时产生噪波的量。
- **相位**：设置噪波的动画速度。
- **交换**：将所设置的两个颜色的位置进行互换。

（2）衰减

"衰减"贴图模拟在几何体曲面的面法线角度上生成从白到黑过渡的衰减情况。默认设置下，贴图会在法线从当前视图指向外部的面上生成白色，而在法线与当前视图相平行的面上生成黑色。"衰减"卷展栏如右图所示。

- **前侧**：用于设置衰减贴图前和侧通道的参数。
- **衰减类型**：用于设置衰减的类型，包括垂直/平行、朝向/背离等。垂直/平行是在与衰减方向相垂直的面法线和与衰减方向相平行的法线之间设置的角度衰减范围。Fresnel是基于IOR在面向视图的曲面上产生暗淡反射，而在有角的面上产生较明亮的反射。
- **衰减方向**：设置衰减的方向。

（3）泼溅

"泼溅"贴图可以用来制作油彩泼溅的效果。在"漫反射"通道上添加该贴图用以创建类似泼溅的图案效果，非常便捷。"泼溅"卷展栏如右图所示。

- **大小**：设置泼溅的大小。
- **迭代次数**：设置计算分形函数的次数。数值越高，泼溅效果越细腻。下左图是"迭代次数"为6的效果，下右图是"迭代次数"为10的效果。

- **阈值**：确定两种颜色的混合量。数值为0时，仅显示"颜色#1"；数值为1时，仅显示"颜色#2"。下左图是"阈值"为0.3的效果，下右图是"阈值"为0.5的效果。

实战练习 利用"泼溅"贴图制作陶瓷花瓶

本节介绍了3D贴图，其中的"泼溅"贴图可以制作油彩泼溅的效果。本实例将利用"泼溅"贴图制作陶瓷花瓶。下面介绍具体操作方法。

步骤 01 打开"制作夜晚书.max"文件,场景中花瓶的效果如下左图所示。

步骤 02 按M键,打开"材质编辑器"窗口,选择空白材质球,并添加VRayMtl材质。在"基本参数"卷展栏中单击"漫反射"右侧贴图图标,在打开的"材质/贴图浏览器"对话框中选择"泼溅"选项,单击"确定"按钮,如下右图所示。

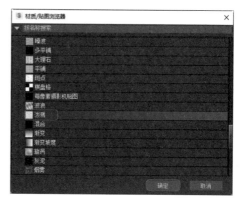

步骤 03 在"坐标"卷展栏中设置"瓷砖"的X、Y和Z的值分别为18、10和10,在"泼溅参数"卷展栏中设置"迭代次数"为6、"阈值"为0.1、"颜色#1"为黄色、"颜色#2"为白色,如下左图所示。

步骤 04 设置完成后,将材质赋予花瓶上,效果如下右图所示。

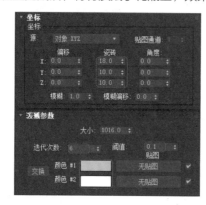

6.4.4 合成器贴图

合成器贴图专用于合成其他颜色或贴图,即在图像处理过程中,将两个或多个图像叠加,以将其组合成新的图像或颜色。

(1)遮罩

使用"遮罩"贴图,可以在曲面上利用黑白贴图通过一种材质查看另一种材质。默认情况下,浅色(白色)的遮罩区域显示已应用的贴图,而深色(较黑)的遮罩区域显示基本材质的颜色,可以使用"反转遮罩"来反转遮罩的效果。

(2)混合

使用"混合"贴图可以将两种颜色或贴图通过一张贴图控制其分布比例,从而产生混合的效果。常用该贴图制作花纹床单、墙绘等。

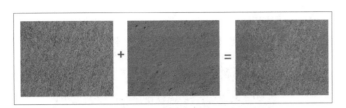
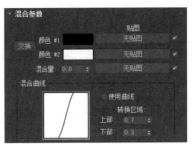

实战练习 使用"混合"贴图制作花纹绒布

本实例使用"混合"贴图为绒布添加花纹，需要设置两种颜色以及为其添加黑白花纹图案，下面介绍具体操作方法。

步骤 01 打开"花纹绒布.max"文件，效果如下左图所示。

步骤 02 按M键，打开"材质编辑器"面板，选择空白材质球，添加VRayMtl材质，然后单击"漫反射"颜色后的添加贴图按钮，如下右图所示。

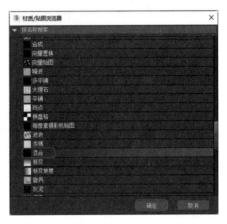

步骤 03 在"混合参数"卷展栏中设置"颜色#1"为深灰色、"颜色#2"为浅灰色，然后单击"混合量"右侧的"无贴图"按钮，如下左图所示。

步骤 04 打开"材质/贴图浏览器"对话框，选择"位图"选项，单击"确定"按钮，打开"选择位图图像文件"对话框，选择准备好的"黑白花纹.jpg"文件，单击"打开"按钮，如下右图所示。

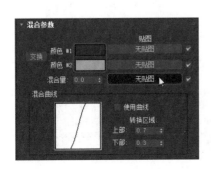
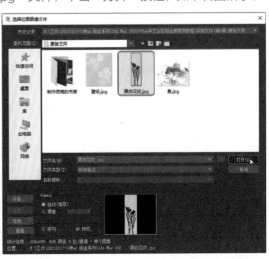

步骤05 在"坐标"卷展栏中设置"瓷砖"U和V分别是2和1，设置"角度"U和V均为30、"模糊"为0.1，如下左图所示。

步骤06 设置完成后，将材质赋予绒布模型上，花纹的效果如下右图所示。

6.4.5 颜色修改器贴图

在3ds Max中，使用颜色修改器贴图可以改变材质中像素的颜色，主要有"颜色校正""输出""RGB染色""顶点颜色"和"颜色贴图"5种颜色修改器贴图。

（1）RGB染色

"RGB染色"贴图可以调整图像中3种颜色通道的值，三种色样代表三种通道，更改色样可以调整其相关颜色通道的值。"RGB染色参数"卷展栏如下左图所示。

（2）输出

在一些贴图的参数面板中，用户会发现没有"输出"卷展栏来调节贴图色彩（如"平铺"贴图的参数面板），而这时又需要进行"输出"设置，那么用户就可以在该贴图上添加"输出"贴图。在弹出的"替换贴图"面板中，选择"将旧贴图保存为子贴图"选项，即可完成"输出"贴图的添加，下右图所示为"输出"贴图的参数面板。

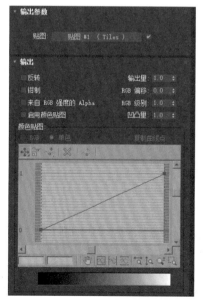

知识延伸：处理贴图出现拉伸错误的问题

　　当设置好贴图后，为模型添加材质时，有时候会发现贴图显示错误，有拉伸现象。例如，为圆柱体和在挤出部分面的模型上添加木纹贴图时，如下图所示。

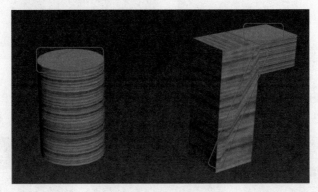

　　像这种模型出现拉伸的错误效果，此时只需要为其添加"UVW贴图"修改器即可。选择不同的贴图类型，其效果也不同，下面以圆柱体为例介绍各种贴图类型的效果。添加"UVW贴图"修改器后，"参数"卷展栏中包含"平面""柱形""球形"和"长方体"等类型，如下左图所示。默认为"平面"类型，效果如下右图所示。

　　选择"柱形"单选按钮，圆柱体侧面的木纹是水平方向的，其顶部和底部没有了木纹，如下左图所示。当勾选右侧"封口"复选框后，圆柱体的顶部和底部就显示有木纹了，如下右图所示。

　　选择"球形"单选按钮，圆柱体的顶部和底部的木纹是圆形的，如下左图所示；选择"收缩包裹"单选按钮，像是沿着木纹垂直方向制作成的圆柱体，如下右图所示。

选择"长方体"单选按钮，其效果和选择"柱形"单选按钮并勾选"封口"复选框类似，如下左图所示；选择"面"单选按钮，效果如下中图所示；选择"XYZ到UVW"单选按钮，效果如下右图所示。

上机实训：使用VRay材质制作欧式梳妆凳

本章介绍了3ds Max的材质和VRay材质的基础知识及其应用，其中VRay材质是我们经常使用的材质，它可以模拟不同物体表面特性的材质类别，制作出真实的材质效果。本实例将为欧式梳妆凳添加材质，主要包括皮革和钢琴烤漆两种材质。下面介绍具体操作方法。

扫码看视频

步骤 01 打开"欧式梳妆凳.max"文件，此时为未添加材质的效果，如下左图所示。

步骤 02 执行"渲染>材质编辑器>精简材质编辑器"命令或者按M键，打开"材质编辑器"对话框，选择空白材质球，单击"物理材质"按钮，打开"材质/贴图浏览器"对话框，选择VRayMtl，单击"确定"按钮，如下右图所示。

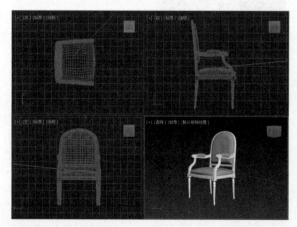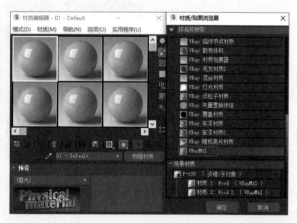

步骤 03 将其命名为"皮革",在"基本参数"卷展栏中单击"漫反射"右侧的■图标,打开"材质/贴图浏览器"对话框,选择"位图"选项,单击"确定"按钮,如下左图所示。

步骤 04 打开"选择位图图像文件"对话框,选择准备好的"皮革贴图.jpg"图像,单击"打开"按钮,如下右图所示。

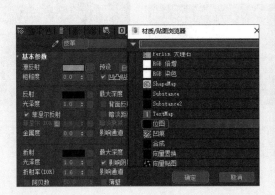

步骤 05 加载完贴图后,在"坐标"卷展栏中设置"瓷砖"的U和V均为8,设置"角度"的W为30,如下左图所示。

步骤 06 单击工具栏中"转到父对象"按钮,在"基本参数"卷展栏中设置"漫反射"颜色的RGB值分别为27、8、0。再为"反射"添加Color Correction颜色校正贴图,如下右图所示。

步骤 07 在"亮度"卷展栏中设置"亮度"为10,其他参数不变,接着在"基本参数"卷展栏中单击"无贴图"按钮,如下左图所示。

步骤 08 根据为漫反射添加贴图的方法添加"黑白贴图.jpg"图像,在"坐标"卷展栏中设置和漫反射相同的参数,如下右图所示。

步骤 09 设置"反射"的颜色为白色、"光泽度"为0.7,根据设置反射的方法添加Color Correction颜色校正贴图,并设置相同的参数;添加"黑白贴图.jpg"图像,也设置为相同的参数,如下左图所示。

步骤10 在"贴图"卷展栏中设置"反射"为70、"光泽度"为30，如下中图所示。

步骤11 将设置好的皮革材质赋予场景中对应的模型，如下右图所示。

步骤12 为欧式化妆凳的木质部分制作钢琴烤漆材质。在"材质编辑器"对话框中选择实拍材质球，并命名为"钢琴烤漆"；选择VRayMtl，设置"漫反射"的颜色为白色，如下左图所示。

步骤13 设置"反射"的颜色为白色，"光泽度"为0.92，取消勾选"菲涅尔反射"复选框，单击"反射"右侧█图标，如下中图所示。

步骤14 打开"材质/贴图浏览器"对话框，选择"衰减"选项，单击"确定"按钮，如下右图所示。

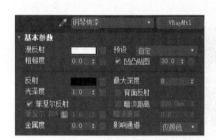

步骤15 在"衰减参数"卷展栏中设置"衰减类型"为Fresnel，并设置上方颜色为灰色，下方颜色为浅蓝色，如下左图所示。

步骤16 白色钢琴烤漆的材质制作完成后，将材质赋予场景中对应的模型上。至此，梳妆凳的材质制作全部完成，渲染后的效果如下右图所示。

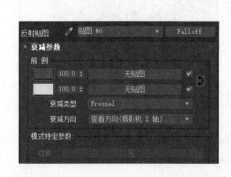

课后练习

一、选择题

（1）在3ds Max中，按下（　　）键可以打开"材质编辑器"。

A. F9　　　　　　　　　　　　　　B. F10

C. M　　　　　　　　　　　　　　D. F5

（2）（　　）可以模拟一般物体的真实颜色，也可以理解为某种材质的特定颜色。

A. 漫反射　　　　　　　　　　　　B. 反射

C. 折射　　　　　　　　　　　　　D. 粗糙度

（3）（　　）是一种可以使物体表面生产自发光的特殊材质类型，允许用户将该自发光材质的对象作为实际直接照明光源，还允许将对象转换为实际光源。

A. VRay灯光　　　　　　　　　　B. VRay光亮

C. VrayMtl　　　　　　　　　　　D. VRay灯光材质

（4）下面不属于2D贴图的是（　　）。

A. 平铺　　　　　　　　　　　　　B. 位图

C. 泼溅　　　　　　　　　　　　　D. 渐变

二、填空题

（1）在3ds Max中，材质编辑器有＿＿＿＿＿＿、＿＿＿＿＿＿两种模式。

（2）VRayMtl材质主要有＿＿＿＿＿＿、＿＿＿＿＿＿和＿＿＿＿＿＿3大属性。

（3）VRay渲染器提供的材质类型中，＿＿＿＿＿＿材质使用最为广泛。

（4）当设置好贴图为模型添加材质时，有时候会发现贴图显示错误有拉伸现象，此时需要添加＿＿＿＿＿＿修改器。

三、上机题

本章学习了材质和贴图，接下来为"餐桌.max"文件中的餐布和酒杯模型使用VRay材质创建玻璃杯材质和餐布材质，材质效果如下图所示。

3+Ⓥ 第7章

第7章 渲染技术

本章概述

本章主要介绍在3ds Max中VRay渲染器参数的含义和设置方法，根据效果图的需要正确设置渲染的参数。本章主要学习渲染的基础知识、3ds Max默认的渲染器和VRay渲染器。

核心知识点

❶ 掌握"渲染设置"面板的设置
❷ 了解扫描线渲染器
❸ 掌握VRay渲染器的应用

7.1 3ds Max中渲染基础知识

使用3ds Max创作作品时，一般都遵循"建模>灯光>材质>渲染"的流程，渲染是最后一道工序。渲染可以将颜色、阴影、大气等效果加入场景中，渲染完成后，可以将渲染结果保存为图像或动画文件。

7.1.1 渲染帧窗口

在3ds Max中进行渲染，都是通过"渲染帧窗口"来查看和编辑的，渲染帧窗口整合了相关的渲染设置，如下图所示。

渲染帧窗口中相关功能的含义介绍如下。

- **"渲染帧窗口"标题栏**：显示视口名称、帧编号、图像类型、颜色深度和图像纵横比等信息。
- **要渲染的区域**：该下拉列表提供可用的"要渲染的区域"选项，其中有"视图""选定""区域""裁剪"和"放大"5个子选项。当选择"区域"选项时，可使用下拉列表后的"编辑区域"按钮对渲染区域进行编辑、调整大小等操作。而"自动选定对象区域"按钮会将"区域""裁剪"和"放大"区域自动设置为当前选择。
- **保存图像**：单击该按钮，可保存在渲染帧窗口中的渲染图像。
- **复制图像**：可将渲染图像复制到系统后台的剪切板中。
- **克隆渲染帧窗口**：将创建另一个包含显示图像的渲染帧窗口。
- **打印图像**：可调用系统打印机打印当前渲染图像。
- **清除**：可将渲染图像从渲染帧窗口中删除。

在渲染帧窗口中按住右键时，会显示渲染和光标位置的像素信息，如下图所示。

7.1.2 "渲染设置"面板

用户可以使用"渲染设置"面板对场景进行渲染设置，几乎所有的渲染设置命令都在该面板中完成。在菜单栏中执行"渲染>渲染设置"命令，或是直接按F10功能键，也可以单击主工具栏中的"渲染设置"按钮，都可以打开"渲染设置"面板，下图所示分别为两种渲染器的"渲染设置"面板。

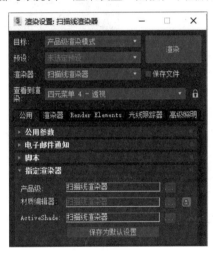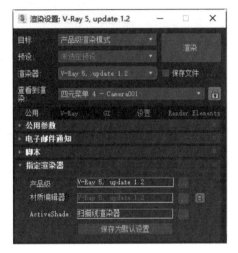

（1）渲染器类型

所谓渲染就是使用所设置的灯光、材质及环境（比如背景和大气）为场景中的几何体着色输出，而不同的渲染器有其特定的着色输出方式。每种渲染器都有各自的特点和优势，用户可以根据作图习惯或场景需要选择合适的渲染器，具体的操作方法有以下两种。

● 打开"渲染设置"面板，单击面板上部的"渲染器"下拉列表，从列表中选择渲染器。
● 在"渲染设置"面板中单击"公用"选项卡，接着单击"指定渲染器"卷展栏中"产品级"右侧的"选择渲染器"按钮，打开"选择渲染器"对话框进行设置。

在3ds Max中，除了系统自带的"ART 渲染器""Quicksilver硬件渲染器""VUE文件渲染器"和默认的"扫描线渲染器"4种渲染器外，用户还可以安装一些插件渲染器，如VRay渲染器。

① 扫描线渲染器

扫描线渲染器是3ds Max默认的渲染器，它是一种可以使场景从上到下生成一系列扫描线的多功能渲染器，渲染速度快，但其真实度效果一般。

② ART 渲染器

Autodesk Raytracer (ART) 渲染器是一种仅使用CPU并且基于物理方式的快速渲染器，适用于建筑、产品和工业设计渲染与动画渲染。

③ Quicksilver 硬件渲染器

Quicksilver 硬件渲染器使用图形硬件生成渲染，它的默认设置可以提供快速渲染。

④ VUE文件渲染器

使用"VUE 文件渲染器"可以创建 VUE (.vue) 文件，而VUE 文件使用可编辑ASCII格式值。

⑤ VRay渲染器

VRay渲染器是由chaosgroup和asgvis公司出品的一款高质量渲染软件，是目前业界较受欢迎的渲染引擎，可提供高质量的图片和动画渲染效果。VRay渲染器最大的特点是能较好地平衡渲染品质与计算速度之间的关系，它提供了多种GI方式，这样，在选择渲染方案时就会比较灵活，既可以选择快速高效的渲染方案，也可以选择高品质的渲染方案。

（2）渲染器公用设置

用户无论选择何种渲染器，其公用渲染设置都包含"公用"面板。"公用"面板除了允许用户进行渲染器的选择外，其中的参数都可以应用于任何所选的渲染器，包括"公用参数""电子邮件通知""脚本"和"指定渲染器"卷展栏，如右图所示。

①"公用参数"卷展栏

该卷展栏用来设置所有渲染器的公用参数，这些参数是对渲染出的图像的基本信息进行的设置，主要包括以下参数：

- **时间输出**：选择要渲染的帧，既可以渲染出单个帧，也可以渲染出多个帧，还可以是全部活动时间段或一序列的帧，如下左图所示。当选择"活动时间段"或"范围"单选按钮时，可设置每隔多少帧进行一次渲染，即设置"每N帧"的值。
- **要渲染的区域**：选择要渲染的区域，该参数也可以在"渲染帧窗口"中进行设置。
- **输出大小**：选择一个预定义的大小或在"宽度"和"高度"（以像素为单位）中输入相应的值，这些参数将影响图像的分辨率和纵横比，如下右图所示。其中，若从"自定义"列表中选择输出格式，那么"图像纵横比"以及"宽度"和"高度"的值可能会发生变化。

- **选项**：可以控制场景中的具体元素是否参与渲染，如下左图所示。勾选"大气"和"效果"复选框表示将渲染所有应用的大气效果和渲染效果。"置换"表示将渲染所有应用的置换贴图。"渲染为场"表示为视频创建动画时，将视频渲染为场。"渲染隐藏几何体"表示渲染包括场景中隐藏的几何体在内的所有对象。
- **高级照明**：启用"高级照明"复选框后，3ds Max将在渲染过程中提供光能传递解决方案或光跟踪；而启用"需要时计算高级照明"复选框，则在需要逐帧处理时，计算光能传递。
- **位图性能和内存选项**：显示3ds Max是使用完全分辨率贴图还是位图代理进行渲染。如果要更改设置，可单击"设置"按钮。
- **渲染输出**：用于预设渲染输出，如果用户在"时间输出"组中设置的渲染选项不是"单帧"时，若不进行图像文件的保存设置，系统将会弹出"警告：没有保存文件"对话框，用以提醒用户对"渲染输出"组中的相关参数进行保存设置。而"跳过现有图像"复选框是在启用

"保存文件"后，渲染器将跳过序列帧中已经渲染保存到磁盘中的图像帧，而对其他帧进行渲染。

②"电子邮件通知"卷展栏

使用该卷展栏可使渲染作业完成时发送电子邮件通知，像网络渲染那样。如果启动较长时间的渲染（比如动画），并且不需要在系统上花费所有时间，这种通知非常有用。

③"脚本"卷展栏

使用该卷展栏可以指定在渲染之前和之后要运行的脚本，每个脚本在当前场景的整个渲染作业开始或结束时执行一次，这些脚本不会逐帧运行。

④"指定渲染器"卷展栏

该卷展栏显示指定产品级和Active Shade类别的渲染器，也显示"材质编辑器"中的示例窗。用户可以单击"产品级"右侧的"选择渲染器"按钮，打开"选择渲染器"对话框，选择渲染器类型。

7.2　扫描线渲染器

扫描线渲染器是一种多功能渲染器，可以将场景渲染为从上到下生成的一系列扫描线。"扫描线渲染器"的渲染速度特别快，但是渲染功能不强。

打开3ds Max应用程序，在"渲染设置"对话框中默认的是"扫描线渲染器"，包括"公用""渲染器""Render Elements（渲染元素）""光线跟踪器"和"高级照明"5大选项卡，如右图所示。

一般情况下，我们不会使用默认的扫描线渲染器，因为其渲染质量不高，并且渲染参数也相当复杂。在使用3ds Max时，经常使用插件渲染器，例如mental ray和VRay渲染器。mental ray渲染器是德国Mental Images公司的产品，该渲染器可以生成灯光效果的物理校正模拟，包括光线跟踪反射和折射，同时还可以应用全局照明和生成集散效果。mental ray渲染器的操作更加简便，效率也更高，因为该渲染器只需要在程序中设定好参数，便会"智能"地对需要渲染的场景进行自动计算。本书主要介绍3ds Max和VRay，所以不再对mental ray渲染器进行过多介绍。

7.3　VRay渲染器

VRay渲染器的功能非常强大，只有安装VRay之后很多功能才能使用。VRay渲染器可以真实地模拟现实光照，并且操作简单，可控性也很强，非常适合制作效果图。

7.3.1 VRay选项卡

在"渲染设置"面板中设置VRay渲染器后，在其下方的
VRay选项卡中包含10个子选项卡，如右图所示。

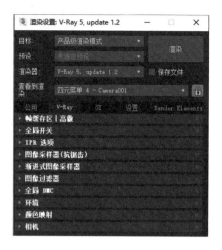

（1）帧缓存区｜高傲

该卷展栏下的参数可以代替3ds Max自身的帧缓冲区窗口。这
里还可以设置渲染图像的大小和保存渲染图像等。该卷展栏参数如
下左图所示。

下面介绍该卷展栏中相关参数的含义。

- **启用内置帧缓存区**：勾选该复选框时，用户可以使用VRay
  自身的渲染窗口。为了避免内存资源的浪费，还需要在"公
  用"选项卡中取消勾选"渲染帧窗口"复选框，如下右图
  所示。

- **内存帧缓存区**：勾选该选项时，可以将图像渲染到内存中，然后再由帧缓冲区窗口显示出来，这样
  可以方便用户观察渲染的过程。
- **从MAX获取分辨率**：勾选该复选框时，将从"公用"选项卡的"输出大小"选项组中获取渲染的尺
  寸；若取消勾选该复选框，将从VRay渲染器的"输出分辨率"选项组中获取渲染尺寸。
- **VRay原始图像文件**：控制是否将渲染后的文件保存到指定的路径中。勾选该复选框时，渲染后的图
  像将以raw格式保存。
- **单独的渲染通道**：控制是否单独保存渲染通道。
- **保存RGB/保存Alpha**：控制是否保存RGB色彩/Alpha通道。
- **■图标**：单击该图标，设置保存RGB和Alpha文件的路径。

（2）全局开关

该卷展栏中的参数控制渲染器对场景中的灯光、阴影、材质和反射折射等各方面的渲染方式进行全
局设置。该卷展栏有3种工作模式，即默认模式、高级模式和专家模式。其中，专家模式中的参数最为详
细，所有参数都可见，其卷展栏参数如下图所示。

下面介绍专家模式的"全局开关"卷展栏中各参数的含义。

- **置换**：启用或禁用VRAY的置换贴图，对标准3ds max位移贴图没有影响。
- **灯光**：控制是否开启场景中的灯光照明效果。勾选此复选框后，场景中的灯光将不起作用。
- **隐藏灯光**：控制是否渲染被隐藏操作的灯光，即控制隐藏的灯光是否产生照明效果。
- **阴影**：控制渲染时的场景对象是否产生阴影。

- **默认灯光**：控制场景中默认灯光在何种情况下处于开启或关闭状态，一般保持默认设置即可。
- **不渲染最终图像**：勾选此复选框后，将不渲染最终图像，常用于渲染光子图。
- **反射/折射**：控制场景中的材质是否开启反射或折射效果。

- **覆盖深度**：勾选此复选框后，用户可以在其右侧的数值框中输入数值，自定义指定场景中对象反射、折射的最大深度；若取消勾选此复选框，反射、折射的最大深度为系统所设值5。
- **光泽效果**：控制是否开启反射/折射的模糊效果。
- **贴图**：控制场景中对象的贴图纹理是否能够渲染出来。
- **过滤贴图**：控制渲染时是否过滤贴图。勾选该复选框时，使用"图像过滤"卷展栏中的设置来过滤贴图；取消勾选该复选框时，以原始图像进行渲染。
- **过滤GI**：控制是否在全局照明中过滤贴图。
- **最大透明级别**：控制透明材质对象被光线追踪的最大深度。数值越高，效果越好，但渲染速度会越慢。
- **透明中止**：控制VRay渲染器对透明材质的追踪中止值。如果光线的累计透明度低于此阈值，则不会进行进一步追踪。
- **覆盖材质**：控制是否为场景应用一种全局替代材质。启用该功能后，单击其右侧的"无"按钮进行材质设置，该功能在渲染测试灯光照明角度时非常有用。其下方的"包含/排除列表"等设置用于覆盖材质所应用的对象范围，可以以图层或对象ID来选择范围。
- **最大光线强度**：控制最大光线的强度。
- **二次光线偏移**：控制场景中重叠面对象间在渲染时产生黑斑的错误纠正值。
- **3ds Max光度学比例**：优先采用VRaylight、VRaysun、VRaysky等VRay渲染器自带的物理摄影机，采用光度学比例单位，与"传统阳光/天空/摄影机模式"相对。

（3）图像采样器（抗锯齿）

用VRay渲染器渲染图像，将以指定的分辨率决定每个像素的颜色，从而生成图像。而用像素来表现场景对象表面的材质纹理或灯光效果时会出现从一个像素到下一个像素间颜色突然变化的情况，即会产生锯齿状边缘，从而使图像效果不理想。

VRay渲染器主要提供两种图像采样器对像素的颜色进行采样和生成渲染图像，即"渲染块"和"渐进式"两种类型，如下左图和下右图所示。用这两种颜色采样算法来确定每个像素的最佳颜色，避免生成锯齿状边缘。而图像采样器及其设置的选择会极大地影响渲染质量和渲染速度间的平衡关系。

"渲染块"和"渐进式"两种图像采样类型，将对应VRay面板中的"渲染块图像采样器"和"渐进式图像采样器"卷展栏，接下来将介绍这两个卷展栏。

下面介绍"图像采样器（抗锯齿）"卷展栏中各参数的含义。

- **块**：根据像素强度的差异，每个像素在一个可变采样值中进行取样。
- **渐进**：随着时间的推移，细化细节，逐步完成整个图像的采样。
- **渲染遮罩**：使用渲染遮罩来确定图像的像素数，只渲染呈现属于当前遮罩内的对象。

（4）渐进式图像采样器

图像采样器卷展栏包括渲染块图像采样器和渐进式图像采样器两种卷展栏，它们与"图像采样器（抗锯齿）"卷展栏中的"类型"相对应。渲染块和渐进式图像采样器两种卷展栏如下左图和下右图所示。

下面介绍卷展栏中各参数的含义。

- **最小细分**：设置每个像素所取样本的初始（最少）个数，一般都设置为1。
- **最大细分**：设置像素的最大样本数，采样器的实际数量是该细分值的平方值，如果相邻像素的亮度差异足够小，VRay渲染器可能达不到采样的最大数量。
- **噪点阈值**：用于确定像素是否需要更多样本的阈值。
- **渲染时间（分）**：设置最长的渲染时间。当达到这个分钟数时，渲染器将停止渲染。

（5）图像过滤器

图像采样器可以确定像素采样的整体方法，以生成每个像素的颜色。而图像过滤器可以锐化或模糊相邻像素之间颜色的变化，两者常结合使用。勾选"图像过滤器"复选框时，视为开启图像过滤并可以从其右侧的"过滤器"下拉列表中选择不同的过滤器类型。静帧效果图多采用可以突出细节的过滤器，如Catmull-Rom。而在动画序列的渲染中，多选择一些在播放过程中，可以模糊像素来减少杂色或纹理闪烁的图像过滤器，如Mitchell-Netravali。"图像过滤器"卷展栏如下左图所示。

（6）环境

该卷展栏可以给环境背景、反射/折射等指定颜色或贴图纹理。如果不指定颜色或贴图，默认情况下将使用"环境和效果"面板中指定的背景颜色和贴图。"环境"卷展栏如下右图所示。

下面介绍"环境"卷展栏中各参数的含义。

- **GI环境**：控制是否开启VRay的天光。勾选该复选框后，3ds Max默认的天光效果将不起光照作用。
- **反射/折射环境**：勾选该复选框时，当前场景中的反射/折射环境将由它控制。
- **折射环境**：勾选该复选框时，当前场景中折射的互不干涉将由它控制。
- **二次哑光环境**：将指定的颜色和纹理用于反射/折射中可见的遮罩物体。
- **颜色**：用于设置各部分的颜色。
- **色值的倍增值**：用于设置各部分的亮度。数值越高，亮度越高。

（7）颜色映射

"颜色映射"卷展栏中的参数用来控制整个场景的颜色和曝光方式，包括"默认"和"高级"两种模式。其中"高级"模式如右图所示。

下面以"高级"模式为例，介绍各参数的含义。

- **类型**：提供不同的曝光模式，包括"线性倍增""指数""HSV指数""强度指数""伽马校正""强度伽马"和"莱因哈德"7种模式。

  - **线性倍增**：基于最终色彩亮度来进行线性的倍增，可能导致靠近光源的点过于明亮。"暗部倍增"是对暗部的亮度进行控制，数值越大，暗部的亮度越高；"亮部倍增"是对亮部的亮度进行控制，数值越大，亮部的亮度越高。"伽马"用于控制图像的伽马值。

  - **指数**：采用指数模式，可以降低近光源处表面的曝光效果，同时会降低场景颜色的饱和度。"指数"模式与"线性倍增"模式的参数相同。

  - **HSV指数**：与"指数"模式相似，不同点在于可以保持场景物体的颜色饱和度，但是这种方式会取消高光的计算。"HSV指数"模式和"线性倍增"模式的参数相同。

  - **强度指数**：这种方式是对"指数"和"HSV指数"曝光的结合，既能抑制光源附近的曝光效果，又保持了场景物体的颜色饱和度。"强度指数"模式和"线性倍增"模式的参数相同。

  - **伽马校正**：采用伽马来修正场景中的灯光衰减和贴图色彩，其效果和"线性倍增"模式类似。"倍增"用来控制图像的整体亮度倍增。"反向伽马"是由VRay内部转化的。

  - **强度伽马**：该曝光模式不仅拥有"伽马校正"的优点，同时还可以修正场景灯光的亮度。"强度伽马"模式和"伽马校正"的参数相同。

  - **莱因哈德**：该曝光方式可以把"线性倍增"和"指数"的曝光混合起来。

- **子像素贴图**：在实际渲染时，物体的高光区与非高光区的界限处会有明显的黑边，勾选该复选框后，就可以缓解这种现象。

- **影响背景**：控制是否让曝光模式影响背景。取消勾选该复选框后，背景将不受曝光模式的影响。

7.3.2　GI选项卡

GI（间接照明）选项卡中的参数用于控制场景的全局照明。在3ds Max中，光线的照明效果分为直接

照明（直接照射到物体上的光）和间接照明（照射到物体上反弹的光）。在VRay渲染器中GI被理解为间接照明。在该选项卡中"全局光照 | 高傲"卷展栏中的"主要引擎"和"辅助引擎"下拉列表中都有多个选项，选择不同的选项时，GI面板会对应出现数量或顺序不同的卷展栏。设置"主要引擎"为"发光贴图"，"辅助引擎"为"灯光缓存"的卷展栏，如右图所示。

（1）全局光照 | 高傲

在使用VRay渲染器进行图像的渲染时，用户首先应该确认勾选"启用GI"复选框，开启间接照明开关，光线计算才能较为准确，从而能够模拟出较为真实的三维效果。其卷展栏包括"默认""高级"和"专家"3种模式，右图为"专家"模式。

下面介绍"全局光照 | 高傲"卷展栏中的"专家"模式各参数的含义。

- **主要引擎/辅助引擎**：VRay渲染器计算光线传递的方法。

"主要引擎"包括"发光贴图""BF算法"和"灯光缓存"选项；而"辅助引擎"包括"无""BF算法"和"灯光缓存"选项。

- **倍增**：设置主要引擎或辅助引擎的倍增值。
- **折射/反射GI焦散**：控制是否开启折射或反射焦散效果。
- **饱和度**：控制色溢情况。降低该值，即可降低色溢效果。
- **对比度**：设置色彩的对比度。
- **对比度基数**：控制饱和度和对比度的基数。
- **环境光吸收（AO）**：勾选该复选框后，即可控制渲染效果的环境阻光AO情况。

提示：主要引擎和辅助引擎的区别

在现实环境中，光线的反弹是一次比一次弱的。VRay渲染器中的全局照明包括"主要引擎"和"辅助引擎"，并不是说光线只反射两次。"主要引擎"可以理解为直接照明的反弹，例如光线照射到A物体后，又反射到B物体，B物体接受的光就是首次反弹。B物体再次将光线反射到C物体，C物体再将光线反射到D物体……C物体之后的物体所得到的光的反射就是二次反弹。

（2）发光贴图

"发光贴图"卷展栏描述了三维空间中的任意一点以及全部可能照射到这一点的光线。发光贴图是VRay渲染器模拟光线反弹的一种常用方法，只存在于"主要引擎"中。其卷展栏包括"默认""高级"和"专家"3种模式，右图为"专家"模式。

下面介绍"发光贴图"卷展栏中各参数的含义。

- **当前预设**：用于设置发光贴图的预设类型，共包括8种类型。"自定义"模式可以手动调节参数。"非常低"是一种非常低的精度模式，用于预览、展示场景的大致照明效果。"低"是一种相对比较低的精度模式，不适合用于保存光子贴图。"中"是中级品质的预设模式，适用于大部分没有精细细节的场景。"中-动画"用于渲染动画效果，可以解决动画闪烁的问题。"高"是一种高精度模式，适用于大多数场景。"高-动画"是一种效果更好的中等品质的动画渲染预设模式。"非常高"是预设模式中精度最高的一种，适用于极度精细和复杂的场景。
- **最小比率**：控制场景中较平坦区域的光线采样数量。
- **最大速率**：控制场景中复杂细节较多区域的光线采样数量。
- **细分**：该值越高，品质越好，渲染速度也就越慢。
- **插值采样**：该值控制采样的模糊处理情况，数值越大越模糊，数值越小越锐利。
- **插值帧数**：对样本进行模糊处理。较大的值可以得到比较模糊的效果，较小的值可以得到比较锐利的效果。
- **显示计算相位**：勾选该复选框后，用户可以看到渲染帧的GI预计算过程，同时会占用一定的内存资源。
- **显示采样**：显示采样的分布和分布的密度。
- **颜色阈值**：让渲染器分辨哪些是平坦区域，哪些是不平坦区域，这是按照颜色的灰度来区分的。
- **法线阈值**：让渲染器分辨哪些是交叉区域，哪些不是交叉区域，这是按照法线的方向来区分的。

- **距离阈值**：让渲染器分辨哪些是弯曲表面区域，哪些不是弯曲表面区域，这是按照表面距离和表面弧度来区分的。
- **细节增强**：控制是否开启细部增强功能。
- **比例**：细分半径的单位依据，包括"保护"和"世界"两个单位选项。
- **半径**：表示细节部分有多大区域使用"细节增强"功能。数值越大，使用细部增强功能的区域也就越大，同时渲染速度也越慢。
- **细分倍增**：控制细部的细分。数值越低，细部产生的杂点越多，同时渲染速度会变慢。
- **随机采样**：勾选该复选框时，样本将随机分配；取消勾选该复选框时，样本将以网格方式进行排列。
- **检查采样可见性**：当灯光通过比较薄的物体时，很有可能会产生漏光现象。勾选该复选框后，可以解决这个问题，但是渲染时间会长一些。
- **模式**：在其列表中共包含"单帧""多帧增量""从文件""添加到当前贴图""增量添加到当前贴图""块模式""动画（预通过）"和"动画（渲染）"8种模式。
- **不删除**：当光子渲染完成后，不把光子从内存中删除。
- **自动保存**：当光子渲染完成后，自动保存在硬盘中。

（3）灯光缓存

灯光缓存一般用于二次反弹，计算方法是通过引擎追踪摄影机中可见的场景，对可见部分进行光线反弹。"灯光缓存"卷展栏如下左图所示。

下面介绍"灯光缓存"卷展栏中各参数的含义。

- **细分**：设置灯光缓存的样本数，数值越高，效果越好，速度越慢。
- **采样大小**：控制灯光缓存的样本大小，数值越小，细节越多。
- **存储直接光**：在预计算的时候存储直接光，以方便用户观察光照的位置。

（4）焦散

焦散是一种特殊的物理现象，在VRay渲染器的"焦散"卷展栏中，可以进行焦散效果的设置，包括"默认"和"高级"两种模式，下右图为"高级"模式的"焦散"卷展栏。

下面介绍"焦散"卷展栏中各参数的含义。

- **焦散**：勾选该复选框后，可渲染焦散效果。
- **搜索半径**：光子追踪撞击周围物体或其他光子的距离。
- **最大光子数**：确定单位区域内最大光子数量。
- **最大密度**：控制光子的最大密度。

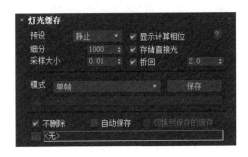

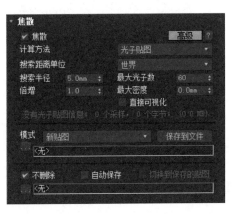

实战练习 设置测试渲染的参数

当我们预览场景中各材质和灯光的效果时，可以先进行渲染测试。其要求是渲染速度快，但是质量较差。下面介绍具体操作方法。

步骤 01 打开"花纹绒布.max"文件，场景模型都赋予相应材质并且添加VRay平面灯光，如下左图所示。

步骤 02 在菜单栏中执行"渲染>渲染设置"命令或者按F10功能键，打开"渲染设置"对话框，渲染器为默认的VRay渲染器，在"公用"选项卡的"公用参数"卷展栏中设置"宽度"为640、"高度"为480，如下右图所示。

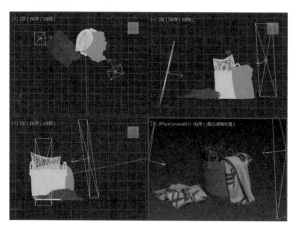

步骤 03 切换至VRay选项卡，在"帧缓存区丨高傲"卷展栏中取消勾选"启用内置帧缓存区"复选框，在"全局开关"卷展栏中切换为"专家"模式，设置类型为"全部灯光评估"，如下左图所示。

步骤 04 展开"图像采样器（抗锯齿）"卷展栏，设置"类型"为"渐进式"，在"图像过滤器"卷展栏中设置"过滤器"为"区域"，在"颜色映射"卷展栏中设置"类型"为"指数"，如下右图所示。

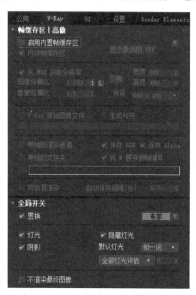
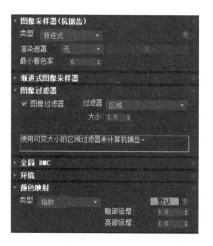

步骤 05 切换至GI选项卡，在"全局光照丨高傲"卷展栏中设置"主要引擎"为"发光贴图"，"辅助引擎"为"灯光缓存"，如下左图所示。

步骤 06 展开"发光贴图"卷展栏，设置"当前预设"为"低"，如下右图所示。

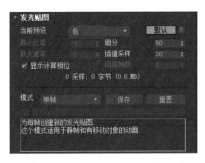

步骤 07 展开"灯光缓存"卷展栏，设置"细分"为200，如下左图所示。

步骤 08 至此，测试的渲染参数设置完成。单击主工具栏中"渲染产品"按钮，或者在菜单栏中执行"渲染>渲染"命令，可见渲染的速度很快，渲染效果如下右图所示。

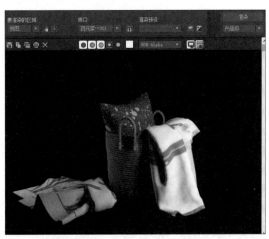

 知识延伸：环境和效果

在3ds Max中，在菜单栏中执行"渲染>环境"或"渲染>效果"命令，即可打开"环境和效果"面板，也可直接按8键打开该面板，该参数面板包括"环境"和"效果"两个选项卡。下左图为"环境"选项卡，下右图为"效果"选项卡。

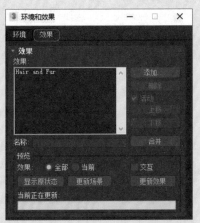

在"环境和效果"面板的"环境"选项卡中，包括"公用参数""曝光控制"和"大气"3个参数卷展栏。"公用参数"卷展栏可以对场景进行背景和全局照明的设置。"曝光控制"卷展栏中包含用于调整渲染的输出级别和颜色范围的插件组件，其参数设置适用于使用光能传递的渲染或渲染高动态范围 (HDR)图像。"大气"卷展栏中包含一些用于模拟创建自然界中的常见环境效果（例如雾、火焰等）的插件组件。

"效果"选项卡中的"效果"卷展栏可以指定和管理渲染效果，而使用渲染效果可以在最终渲染图像或动画之前添加各种后期制作效果，而不必通过渲染场景来查看结果，所以渲染图像效果可以让用户以交互方式进行工作。

单击"效果"选项卡中的"添加"按钮，即可打开"添加大气效果"对话框，该对话框中包含系统自带或插件渲染器提供的多种渲染效果选项。双击某一选项即可将相应效果添加到"效果"选项卡中的效果列表中，然后单击列表中的效果名称，即可打开相应的效果参数卷展栏。

上机实训：设置高精度渲染

场景中的模型、材质、灯光等都制作完成，如果通过渲染测试都没问题后，可以设置高精度渲染，使场景中的细节更丰富。设置高精度渲染后，其渲染的速度很慢，但渲染的质量很高，下面介绍具体操作方法。

扫码看视频

步骤 01 打开"客厅一角.max"文件，其中包括模型、材质、灯光等，如下左图所示。

步骤 02 在菜单栏中执行"渲染>渲染设置"命令或者按F10功能键，打开"渲染设置"对话框，渲染器为默认的VRay渲染器，在"公用"选项卡的"公用参数"卷展栏中设置"宽度"为1800、"高度"为1346，如下右图所示。

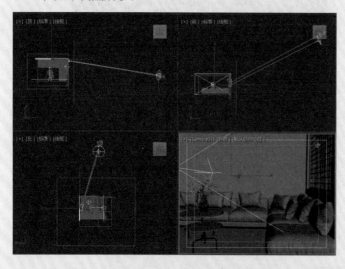
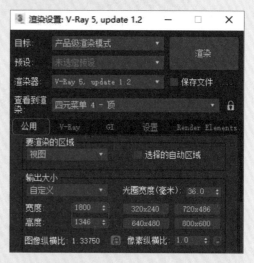

步骤 03 切换至VRay选项卡，在"帧缓存区 | 高傲"卷展栏中取消勾选"启用内置帧缓存区"复选框，在"全局开关"卷展栏中切换为"专家"模式，设置类型为"全部灯光评估"，如下左图所示。

步骤 04 展开"图像采样器（抗锯齿）"卷展栏，设置"类型"为"渲染块"，在"图像过滤器"卷展栏中设置"过滤器"为Mitchell-Netravali，在"颜色映射"卷展栏中设置"类型"为"指数"，勾选"子像素贴图"复选框，如下右图所示。

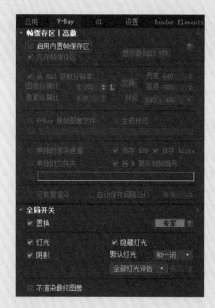 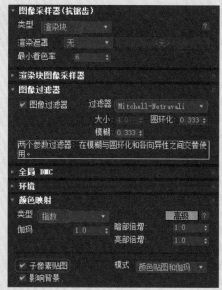

步骤 05 切换至GI选项卡，在"全局光照｜高傲"卷展栏中设置"主要引擎"为"发光贴图"、"辅助引擎"为"灯光缓存"，如下左图所示。

步骤 06 展开"发光贴图"卷展栏，设置"当前预设"为"低"，勾选"显示计算相位"和"显示直接光"复选框，如下右图所示。

步骤 07 展开"灯光缓存"卷展栏，设置"细分"为2000，勾选"显示计算相位"复选框，如下左图所示。

步骤 08 至此，测试的渲染参数设置完成。单击主工具栏中"渲染产品"按钮，或者在菜单栏中执行"渲染>渲染"命令，可见渲染的速度很慢，但渲染的作品非常清晰，效果如下右图所示。

课后练习

一、选择题

（1）在3ds Max中，如果需要快速打开"渲染设置"面板，用户可以按（　　）键。

　　A. F9　　　　　　　　　　　　　　　　B. F10

　　C. F5　　　　　　　　　　　　　　　　D. 8

（2）使用VRay渲染器进行场景渲染时，大部分参数可以在（　　）选项卡中进行设置。

　　A. GI　　　　　　　　　　　　　　　　B. 设置

　　C. VRay　　　　　　　　　　　　　　　D. 公用

（3）渲染输出图像的尺寸时，可以在"渲染设置"对话框中的"公用"选项卡的（　　）项区域内进行设置。

　　A. 时间输出　　　　　　　　　　　　　B. 输出大小

　　C. 高级照明　　　　　　　　　　　　　D. 渲染输出

（4）在VRay"渲染设置"面板中，"发光贴图"参数卷展栏在（　　）选项卡中。

　　A. 公用　　　　　　　　　　　　　　　B. 设置

　　C. VRay　　　　　　　　　　　　　　　D. GI

二、填空题

（1）在3ds Max中，单击主工具栏中的＿＿＿＿＿＿＿＿按钮，即可打开"渲染帧窗口"。

（2）在VRay渲染器的VRay选项卡中设置图像采样器的类型时，包括＿＿＿＿＿＿、＿＿＿＿＿＿两种。

（3）在VRay"渲染设置"面板的GI选项卡中，"主要引擎"的类型有＿＿＿＿＿＿、＿＿＿＿＿＿、＿＿＿＿＿＿3种。

三、上机题

　　本章学习了3ds Max中的渲染技术，主要是学习使用VRay渲染器的使用。接下来使用VRay渲染器对"上机题-沙发.max"文件中的场景进行渲染。首先在"渲染设置"面板中设置渲染器，在"公用"选项卡中设置输出尺寸，然后在VRay选项卡中设置相关参数，最后在GI选项卡中设置全局照明相关参数，如下左图所示。渲染后的效果如下右图所示。

第二部分
综合案例篇

学习了3ds Max相关功能的应用和理论知识后，本篇将以具体的案例应用对3ds Max 2022和VRay 5.1的实操应用进行详细介绍，包括卧室场景的表现和客餐厅全景效果的表现。通过这部分实操内容的学习，读者可以对使用3ds Max进行模型制作，对灯光和摄影机的应用、材质的应用、常用工具的使用技巧、大空间的制作方法等有更直观的了解，真正达到学以致用的目的。

扫码看视频

3+✓ 第8章　卧室效果表现

本章概述

本章以一套现代风格的室内施工图为案例，详细讲述家装建筑室内效果图的制作方法，主要分为模型制作、家具调用、灯光及摄影机的制作、制作材质与调用模板快速制作材质以及最终渲染5个部分。

核心知识点

❶ 掌握模型的制作方法

❷ 掌握灯光及摄像机的制作

❸ 掌握材质的制作

❹ 综合运用多种工具

8.1　模型的制作

　　模型的制作分为制作前的准备与模型制作两个部分。本小节以一套现代风格的卧室制作作为案例，详细地介绍制作前需要做的准备，以及如何制作模型。

8.1.1　制作前的准备

　　制作前的准备是完成效果图的第一步。在开始建模之前，首先要统一系统的单位。启动3ds Max 2022应用程序，设置单位的显示比例为公制，设置单位为毫米。然后再导入CAD图纸，进行标注和精细的建模，具体步骤如下。

　　步骤 01 首先在现代风格室内施工图中，将平面布置图复制一份并展开，全选布置图进行写块。执行"文件>导入>导入"命令，在打开的"选择要导入的文件"对话框中找到并选择写块后的新块，单击"打开"按钮打开新块。打开"Auto CAD DWG/DXF 导入选项"对话框，单击"确定"按钮，即可将CAD图纸导入3ds Max中，效果如下图所示。

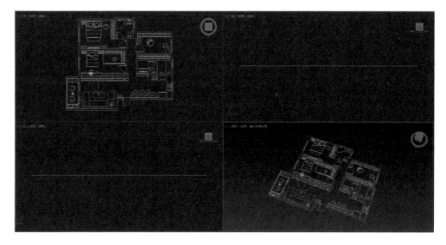

　　步骤 02 执行"组>组"命令，打开"组"对话框，单击"确定"按钮以成组。然后在"名称和颜色"卷展栏中单击组旁边的"颜色"按钮，打开"对象颜色"对话框，修改颜色为灰色，如下左图所示。

　　步骤 03 使用移动命令，将导入的CAD图纸的X轴、Y轴、Z轴坐标在下方全部归零。右击对象，在菜单中选择"冻结当前选择"选项，将视图切换至顶视图，如下右图所示。

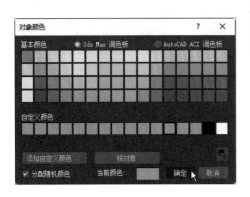
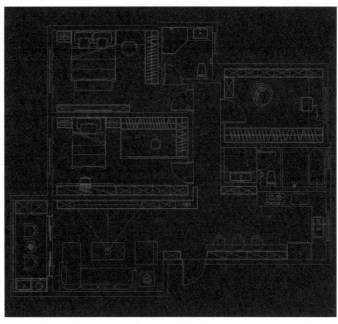

步骤 04 至此，建模前的准备工作已经完成了，下面将进行建模准备。首先将工作栏中的默认3D捕捉修改为2.5D捕捉，单击"修改"面板右下角的"配置修改器集"按钮█，在弹出的下拉选项中选择"配置修改器集"选项，打开"配置修改器集"对话框，如下左图所示。

步骤 05 在"集"中新建"室内常用"面板。在右侧"修改器"工具列表中找到编辑样条线、编辑多边形、挤出、UVW贴图、FFD 2×2×2、壳、切角、弯曲、扫描与车削10个常用的修改器，将其拖入"修改器"选项组下的按钮中，将原本的按钮替换，如下右图所示。

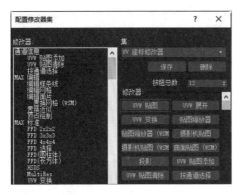
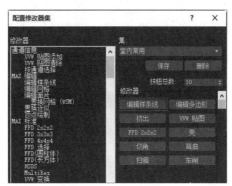

8.1.2　模型制作

完成基本设置后，就可以开始建模了。首先制作墙体，然后制作门窗等。本节主要使用到挤出、编辑样条线等功能。下面介绍具体操作方法。

步骤 01 在"修改"面板中再次单击"配置修改器集"按钮█，在弹出的下拉选项中选择"显示按钮"选项，即可看到"室内常用"面板被显示出来，如下左图所示。

步骤 02 在平面图中确定需要绘制效果图的区域，使用"线"工具将该区域画出，在门洞与窗户的位置需要加点。闭合区域时，在弹出的提示对话框中单击"是"按钮，闭合样条线，如下中图所示。

步骤 03 切换至"修改"面板，单击"挤出"按钮，给予样条线"挤出"选项，设置挤出数量为2800，在透视图中查看效果，如下右图所示。

 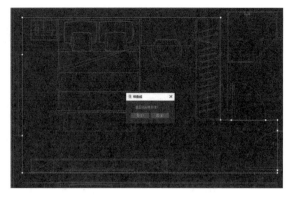 

步骤 04 右击对象，在快捷菜单中选择"转化为：>转化为可编辑多边形"命令，将选中的图形转化为可编辑多边形，如下左图所示。

步骤 05 在右侧的修改面板中，进入"边"层级。使用选择工具，按住Ctrl键加选所有的门线，执行"连接"操作，设置连接数量为2，如下中图所示。

步骤 06 移动工具，选择上方的线，在Z轴后输入2280，将线移动至与门等高的位置；选择下方的线，在Z轴后输入80，将线移动至地板的水平位置，效果如下右图所示。

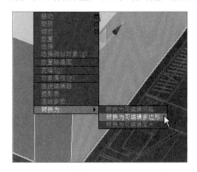  

步骤 07 切换为"多边形"层级，加选门洞并右击，在菜单中选择"挤出"命令，设置挤出数量为240，如下左图所示。

步骤 08 删除除了过门石以外所有挤出的面，效果如下中图所示。

步骤 09 右击对角，在菜单中选择"顶层级"命令，返回顶层级，切换至前视图，使用"线"工具沿门套三边画线，如下右图所示。

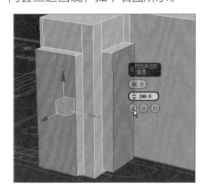  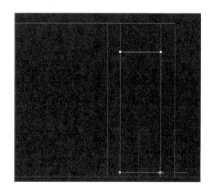

步骤 10 在"修改"面板中单击"编辑样条线"按钮，给予线段"编辑样条线"选项，在"编辑样条线"下拉列表中选择"样条线"，在"样条线"层级下的"几何体"卷展栏中，修改轮廓右侧的数值为60，如下左图所示。

步骤11 在"修改"面板中单击"挤出"按钮，给予线段"挤出"选项，设置挤出值为240，完成后在透视图中查看效果，如下中图所示。

步骤12 在顶视图中移动门框至合适位置，如下右图所示。

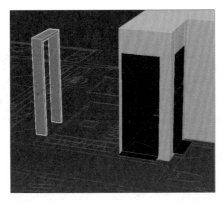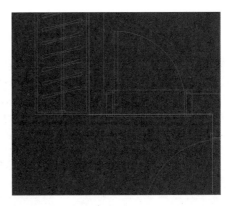

步骤13 使用"旋转与复制"工具复制一个门框，并将其移动到合适位置。在"修改"面板中单击"编辑多边形"按钮，给予"编辑多边形"选项，选择"编辑多边形"下拉列表中的"顶点"按钮，在"移动"工具下选择门框顶点以调整大小。返回"顶"层级，完成后返回透视图查看效果，如下左图所示。

步骤14 选择房子主体，在右侧"可编辑多边形"下拉列表中选择"元素"选项。右击对象，选择"翻转法线"命令。接着右击对象，选择"对象属性"命令，打开"对象属性"对话框，在"显示属性"选项组中勾选"背面消隐"复选框，如下中图所示。

步骤15 在"元素"层级下的"选择"卷展栏中，勾选"忽略背面"复选框，完成后的效果如下右图所示。

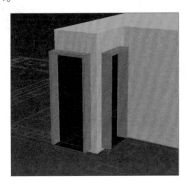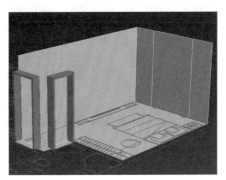

步骤16 单击制图区左上角的"标准"按钮，在下拉列表中选择"按视图预设"选项，打开"视口设置-四元菜单4"对话框，将"照明和阴影"选项组中的默认灯光选项由"1个默认灯光"修改为"两个默认灯光"，如下左图所示。

步骤17 在"多边形"层级下选择地面，执行"挤出"操作，设置数值为80，如下中图所示。

步骤18 切换至"边"层级，选择两条窗户线，右击连接2条线，移动线的高度，设置上方为2360，下方为240，删除窗口，如下右图所示。

步骤19 返回"顶"层级，切换至左视图，使用"矩形"工具绘制窗口，给予"编辑样条线"选项，在"样条线"层级下修改轮廓为60；给予"挤出"选项，设置数值为220，在透视图中查看效果，如下左图所示。

步骤20 在顶视图中将窗台移动到合适位置，如下中图所示。

步骤21 选择窗台，使用Alt+Q组合键将窗台孤立，在透视图中查看效果，如下右图所示。

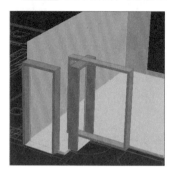 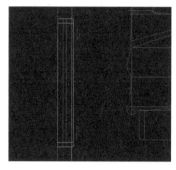 

步骤22 切换至左视图，使用"矩形"工具绘制窗框，分别给予"编辑样条线"选项，如下左图所示。

步骤23 在"样条线"层级下全部设置轮廓为40、挤出值为40，在顶视图将窗框移动到合适位置，在透视图中查看效果，如下中图所示。

步骤24 使用"矩形"工具，在不勾选"开始新图形"复选框的状态下，在左视图中绘制玻璃，设置挤出值为10，在顶视图中将玻璃移动至窗框内，在透视图中查看效果，如下右图所示。

  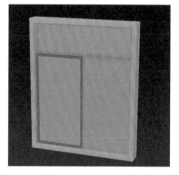

步骤25 选择玻璃并右击，选择"对象属性"命令，在弹出的"对象属性"对话框的"渲染控制"选项组中，取消勾选"投射阴影"复选框，如下左图所示。

步骤26 全选窗框，统一颜色并成组。退出孤立模式，导入CAD顶面布置图，在案例文件中为"新块顶面"。导入完成后将其成组，修改颜色，并将坐标归零，如下中图所示。

步骤27 选择顶面图并将其孤立，如下右图所示。

 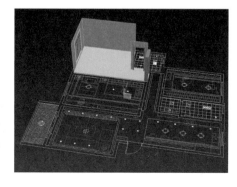 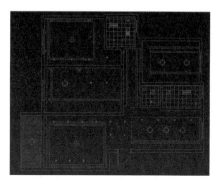

步骤 28 切换至顶视图，在不勾选"开始新图形"复选框的状态下，首先使用"线"工具描绘吊顶，下吊-300的空间；再使用"矩形"工具绘制中间部分，下吊-100的空间，给予挤出-300，如下左图所示。

步骤 29 在左视图中沿Y轴复选一份下来，修改挤出值为-60，将上方的挤出值改为-240，并将其对齐，如下右图所示。

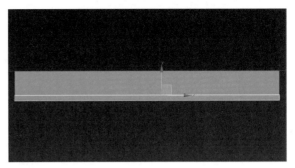

步骤 30 在顶视图中，选择上方的吊顶，在"线段"层级下，框选中间矩形的4个顶点，使用"缩放"工具放大至藏灯带的位置，如下左图所示。

步骤 31 调整完成后，切换至透视图查看效果，如下右图所示。

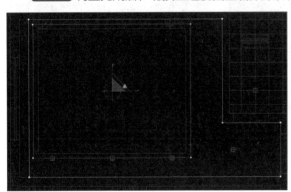

步骤 32 切换至顶视图，使用"矩形"工具与挤出功能，绘制剩下的下吊-100的吊顶，完成后返回透视图查看效果，如下左图所示。

步骤 33 全选吊顶，统一颜色并成组。使用"移动"工具沿Z轴移动到2650，如下右图所示。

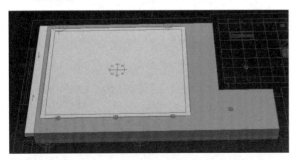

步骤 34 取消孤立，导入"新块墙面造型"文件，将其成组、修改颜色，并将坐标轴归零。使用"移动与旋转"命令使其与墙面相对，在前视图中查看效果，如下左图所示。

步骤 35 使用"矩形"工具绘制矩形，分别挤出15，如下中图所示。

步骤 36 全部给予"编辑多边形"选项，在左视图中复制下方两个造型，将3个面板叠加在一起，中间的挤出改为30，如下右图所示。

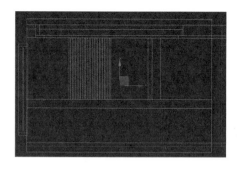  

步骤37 选中中间的造型，在"编辑多边形"中的"顶点"层级下，选中上方顶点，并将其向下移动做出灯槽，如下左图所示。

步骤38 将后方两个造型成组。切换至前视图，选中下方的造型，在"边"层级下，选中左右两条竖线，并连接一条横线，将其移动到造型线位置，如下中图所示。

步骤39 切换至"多边形"层级，选中两个面，如下右图所示。

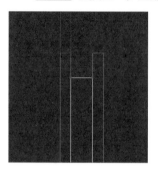 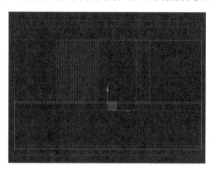 

步骤40 右击对象并选择"倒角"命令，设置按"多边形"、高度为10、轮廓为-2，如下左图所示。

步骤41 右击平面选择"转换到边"命令，再次右击选择"切角"命令，修改切角数量为3、分段为2，取消勾选"切角平滑"，如下中图所示。

步骤42 返回顶层级，选中右上角的造型，在"边"层级下连接3条线，并将其移动到造型线位置，如下右图所示。

 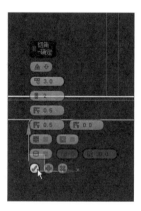 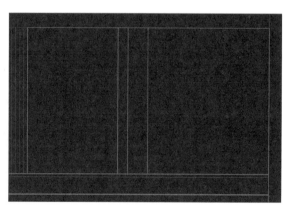

步骤43 切换至"多边形"层级，右击"倒角"同上方数值一样，右击平面切换到边，再次右击"切角"同上方数值一样，完成后切换至透视图查看效果，如下左图所示。

步骤44 选中上方中间的造型，切换至"边"层级，选中上下两条横线连接25条线，如下中图所示。

步骤45 执行"挤出"操作，设置高度为-10、宽度为10，单击按钮✅完成挤出，如下右图所示。

 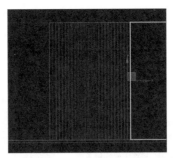 

步骤 46 返回"顶"层级，选择左上角的造型，再切换至"多边形"层级，选择平面，执行"倒角"操作，数值设置同步骤41相同，完成后返回透视图中查看效果，如下左图所示。

步骤 47 取消孤立，将墙面造型移动到合适位置，完成后的效果如下右图所示。

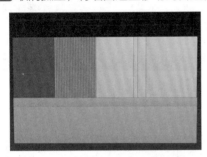 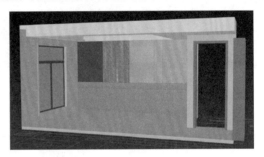

步骤 48 为对象设置统一的颜色，效果如下左图所示。

步骤 49 选中房子主体，沿Z轴向上复制一份，如下右图所示。

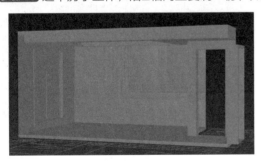 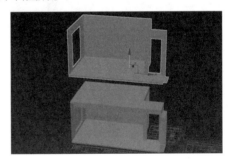

步骤 50 在复制的房子主体中，切换至"多边形"层级，选中地面，右击选择"转换到边"命令，如下左图所示。

步骤 51 右击选择"创建图形"命令，在弹出的"创建图形"对话框中，选中"图形类型"右侧的"线性"单选按钮，然后单击"确定"按钮完成图形创建，如下中图所示。

步骤 52 返回"顶"层级，删除复制的房子主体，孤立创建的线型与平面布置图，如下右图所示。

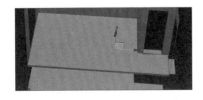  

步骤53 切换至顶视图，切换至"线段"层级，删除造型墙、衣柜与门洞位置的线段，如下左图所示。

步骤54 执行"挤出"操作，设置数值为120。执行"壳"操作，设置内部量为10、外部量为0，勾选"将角拉直"复选框，完成后返回透视图中查看效果，如下右图所示。

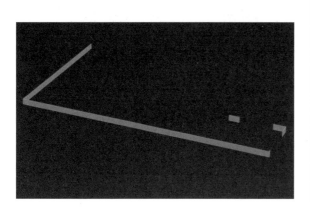 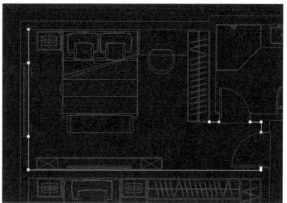

步骤55 取消孤立，在前视图中将其对齐，如下左图所示。

步骤56 统一颜色，在透视图中查看最终效果，如下右图所示。

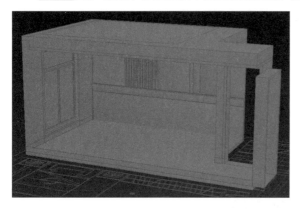 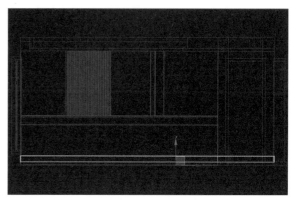

8.2 家具的调用

完成房屋建模后，就需要调入家具模型了。本节将介绍调用卧室与卫生间的门，窗帘与纱帘，以及床与衣柜等方法。调用家具后，还要根据房间的实际尺寸和布局进行修改。

8.2.1 调用卧室与卫生间的门

卧室的模型创建完成后，需要为卧室和卫生间添加门。首先合并门，接着删除不需要门框的部分，最后查看是否穿模并调整。下面介绍具体操作方法。

步骤01 执行"文件>导入>合并"命令，然后在案例文件中找到门，单击"打开"按钮，打开"合并-门"对话框，在"列出类型"选项组中，取消勾选"灯光"复选框与"摄影机"复选框，单击右侧的"全部"按钮，最后单击"确定"按钮完成合并，完成后的效果如下左图所示。

步骤02 删除不需要的门与门框，如下右图所示。

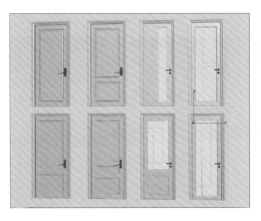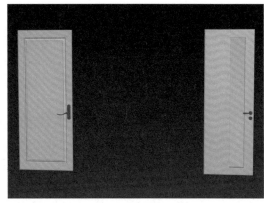

步骤03 将门移动到卧室门框附近，并将门与门框孤立，如下左图所示。

步骤04 使用"移动与旋转"工具将卧室门放入，切换至左视图查看效果，如下中图所示。

步骤05 在"修改"面板中给予"FFD 2×2×2"选项，在FFD 2×2×2中切换至"控制点"层级，选中控制点，在"移动"命令下修改门的大小，完成后如下右图所示。

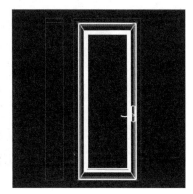

步骤06 将卫生间的门按同样的步骤调整大小，完成后返回透视图，效果如下左图所示。

步骤07 推出孤立，查看是否穿模，最终效果如下右图所示。

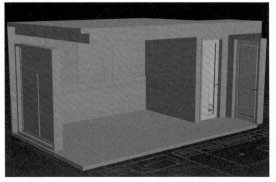

8.2.2 调入窗帘与纱帘

卧室的窗户还包括窗帘和纱帘，其调入的方法和门类似，下面介绍具体操作方法。

步骤01 执行"文件>导入>合并"命令，在案例文件中找到窗帘，单击"打开"按钮，打开"合并-窗帘"对话框。在"列出类型"选项组中，取消勾选"灯光"复选框与"摄影机"复选框，单击右侧的"全部"按钮，最后单击"确定"按钮完成合并，完成后的效果如下左图所示。

步骤02 使用"移动"工具调整位置,如下右图所示。

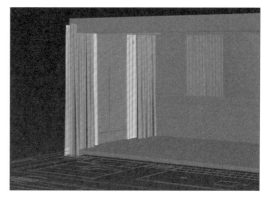

步骤03 切换至前视图,使用"缩放"工具沿Y轴调整大小,如下左图所示。

步骤04 在顶视图中进行微调,切换至透视图查看是否穿模,效果如下右图所示。

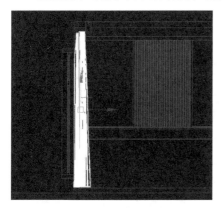
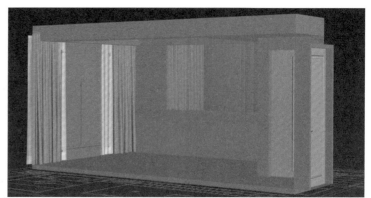

8.2.3 调入成品床与衣柜

本节将为卧室调入床、衣柜、床头柜和梳妆台等,下面介绍具体操作方法。

步骤01 打开"成品床与衣柜"文件,按照同样的方法将其合并进来,如下左图所示。

步骤02 在顶视图中依照平面布置图调整位置,如下右图所示。

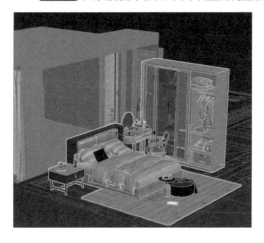
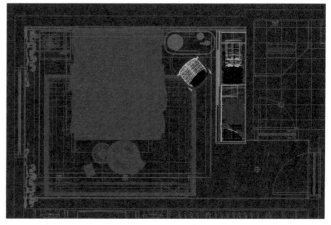

步骤03 在前视图中依照立面图调整模型高度,如下左图所示。

步骤04 切换至透视图查看是否穿模,最终效果如下右图所示。

8.2.4 调入灯具

卧室的效果需要灯光衬托的，所以还要添加灯具，本案例中包括吊灯、射灯。下面介绍具体操作方法。

步骤 01 在灯具组合文件中合并小型下落吊灯，如下左图所示。

步骤 02 加选吊灯、吊顶与顶面布置图，将其孤立，如下中图所示。

步骤 03 参照顶面布置图调整位置，再切换至前视图调整高度，完成后取消孤立，返回透视图中查看效果，如下右图所示。

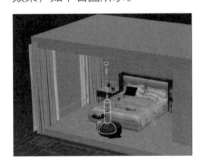
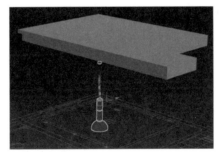

步骤 04 在灯具组合文件中合并射灯，如下左图所示。

步骤 05 加选射灯、吊顶与顶面布置图，将其孤立，如下中图所示。

步骤 06 参照顶面布置图调整位置，在前视图中调整高度，如下右图所示。

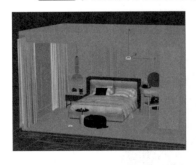
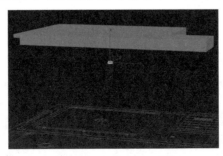

步骤 07 使用"复制"工具，打开"克隆选项"对话框，勾选"对象"选项组下的"实例"复选框，修改副本数为3个，即以实例的方式复制6个，单击"确定"按钮完成复制。将射灯移动至合适位置，全选射灯并成组，如下左图所示。

步骤 08 取消孤立，查看是否穿模，最终效果如下右图所示。

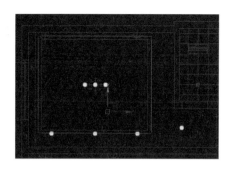
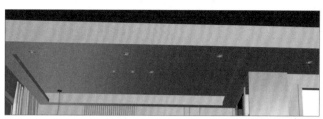

8.3 灯光及摄影机的制作

在前面的学习中，我们已经完成了模型的制作与调用。在开始制作灯光与摄影机前，要检查一下模型的各个位置是否已对齐。比如家具与地面是否已对齐，有无过大的缝隙，墙面与顶面、地面之间是否存在缝隙等。如果不满意家具或模型，可以进行更换。解决好这些问题后，就可以开始准备灯光及摄影机的制作了。

8.3.1 制作前的准备

在开始制作之前，我们需要对VRay渲染器的参数进行调整，以便制作出高质量的效果图，下面介绍具体操作方法。

步骤01 在工具栏中单击"渲染设置"按钮，打开"渲染设置"对话框，在"公用"选项卡的"公用参数"卷展栏中，将"输出大小"下默认的"HDTV（视频）"修改为"自定义"，设置宽度为1000、高度为625，如下左图所示。

步骤02 切换至"VRay"选项卡，展开"渐进式图像采样器"卷展栏，修改噪波阈值为0.005。展开"颜色映射"卷展栏，修改混合值为0.5，如下右图所示。完成设置后关闭"渲染设置"对话框。

8.3.2 制作摄影机

完成渲染设置后就可以制作摄影机了。本案例将使用VRay物理相机从床尾部展示卧室中的场景内容，下面介绍添加摄影机的具体操作方法。

步骤 01 在右侧的"创建"标签下选择摄影机，修改摄影机类型为VRay，选择对象类型为"VRay物理相机"，如下左图所示。

步骤 02 在顶视图两点方位拉出摄影机，如下右图所示。

 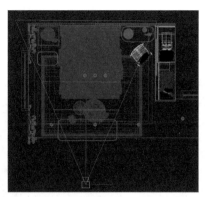

步骤 03 在右侧展开的"传感器和镜头"卷展栏中，修改焦距为16，展开"光圈"卷展栏，修改快门速度为10，如下左图所示。

步骤 04 展开"剪切与环境"卷展栏，勾选"剪切"单选框，修改"近端剪切平面"与"远端剪切平面"数值，摄影机位置大概在1400-5000之间，效果如下右图所示。

 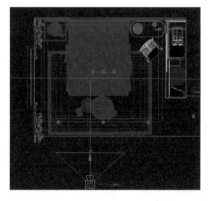

步骤 05 全选摄影机，使用"移动"工具沿Z轴移动至1100，按C键查看摄影机视角，如下左图所示。

步骤 06 按Shift+C组合键隐藏摄像机，效果如下右图所示。

8.3.3 制作灯光

本节将为卧室添加相关的灯光，包括VRay天空、VRay灯光等，制作出天空、灯带、吊灯和射灯的灯光效果。制作灯光后，就可以进行初步渲染并查看效果了。下面介绍添加灯光的具体操作方法。

步骤 01 在右侧"创建"标签下选择灯光，将灯光类型修改为VRay，对象类型选择VRay灯光，如下左图所示。

步骤 02 修改"常规"卷展栏下的倍增为1，单击"贴图"后的"无贴图"，打开"材质/贴图浏览器"对话框。在"贴图"卷展栏下的VRay选项组中，选择"VRay天空"选项，如下中图所示。

步骤 03 按M键打开"材质编辑器"对话框，右击任意材质球，修改示例窗为"5×3示例窗"，如下右图所示。

步骤 04 拖动穹顶灯光中的VRay天空贴图，以"实例"的方式拖至材质球，如下左图所示。

步骤 05 单击创造球下方、贴图右侧的"VRay天空"按钮，打开"材质/贴图浏览器"对话框，在"贴图"卷展栏下的"通用"选择组中，选择"Color Correction"选项，如下中图所示。单击"确定"按钮完成选择。

步骤 06 在弹出的"替换贴图"对话框中，选中"将旧贴图替换为子贴图"单选按钮，单击"确定"按钮完成替换。在替换完成后的材质球"基本参数"中，修改"颜色"卷展栏下的"饱和度"为-50，如下右图所示。

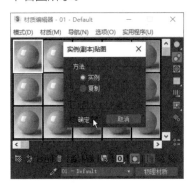 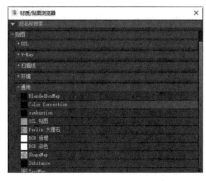 

步骤 07 调整穹顶灯光至房间窗户的左上方，如下左图所示。

步骤 08 切换至摄影机视角，执行Shift+Q组合键命令进行初步渲染，渲染后的效果如下右图所示。

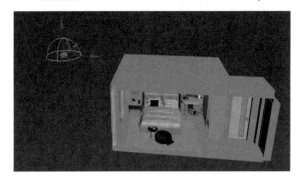 

步骤 09 切换至顶视图，在窗户旁再次创建一个VRay灯光，如下左图所示。

步骤 10 切换至"修改"面板，在"常规"卷展栏中，修改"类型"为"球体"、半径为700、倍增为70，如下中图所示。

步骤 11 在"选择"卷展栏中，勾选"不可见"复选框，切换至前视图并将其移动到合适位置，如下右图所示。

  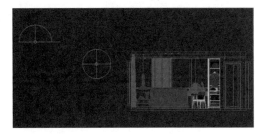

步骤 12 添加造型灯光。加选吊顶、下方的墙面造型与顶面布置图，将其孤立，如下左图所示。

步骤 13 切换至顶视图，在藏灯带处绘制VRay灯光，如下右图所示。

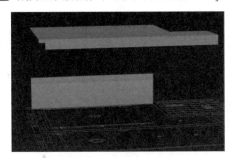 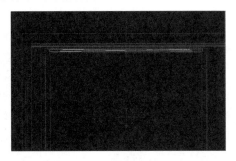

步骤 14 在右侧"常规"卷展栏中，修改"倍增"为15，"模式"为"温度"，温度为4500。在"选项"卷展栏中勾选"不可见"复选框，如下左图所示。

步骤 15 在左视图中，移动灯条至藏灯带中，使用"旋转"工具调整灯光角度，如下中图所示。

步骤 16 在顶视图中，使用"旋转与复制"功能，以"实例"的方式复制3个灯条到其他藏灯带内，如下右图所示。

 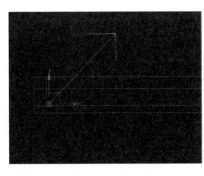 

步骤 17 复制灯条至下方墙面造型的藏灯带中，调整角度，修改倍增为60，如下左图所示。

步骤 18 先取消孤立，全选柜子，再使其孤立，在顶视图绘制VRay灯光，设置倍增为10、温度为4500，勾选"不可见"复选框，并将其调整至合适位置，如下中图所示。

步骤 19 复制多个灯条，并将其调整至柜子的合适位置，效果如下右图所示。

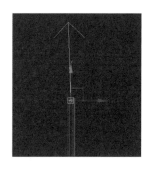

步骤 20 取消孤立，切换至前视图。绘制灯光，设置类型为VRayIES，然后在射灯模型下拉出灯光，如下左图所示。

步骤 21 切换至"修改"面板，在"VRayIES"卷展栏中，单击IES文件右侧的按钮，打开"打开"对话框，找到案例文件中的光域网，选择"筒灯6480"。单击"打开"按钮，在"VRayIES"卷展栏中，修改"颜色模式"为"温度"，"色温"为5000，如下中图所示。

步骤 22 以"实例"的方式复制多个"筒灯6480"，将其移动到每个射灯下方，并调整角度，如下右图所示。

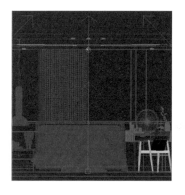

步骤 23 切换至摄影机视角，按Shift+Q组合键进行渲染，渲染后的效果如右图所示。

8.4 制作材质与调用材质模板快速制作材质

完成初步模型渲染后，就到了正式渲染前的最后一步——制作材质。它能丰富我们的画面层次与色彩关系，下面介绍具体步骤。

8.4.1 制作前的准备

为场景中的模型添加材质前，需要将房子的主体进行孤立，在"材质/贴图浏览器"中新建组，然后添加常用的功能。下面介绍具体操作方法。

步骤01 在开始制作材质前，需要分离地面。选中房子主体，将其孤立，在"多边形"层级下，选择地面，展开"编辑几何体"卷展栏，单击"分离"按钮，分离后的效果如下左图所示。

步骤02 按M键，打开"材质/贴图编辑器"对话框，单击"获取材质"按钮，打开"材质/贴图浏览器"面板，右击面板打开"材质/贴图浏览器选项"，单击"新组"，如下右图所示。接着创建一个名为"常用"的新组，在其他卷展栏中找到VRay灯光材质、VRayMtl、VRay 天空、Color Correction以及位图，右击将其复制到该组中。

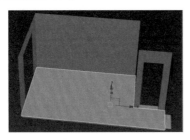 

8.4.2 制作白色乳胶漆

本节制作的白色乳胶漆使用VRayMtl材质，主要赋予吊顶和墙面，下面介绍具体操作方法。

步骤01 选择任意材质球，修改名称为"白色乳胶漆"，切换贴图为VRayMtl，如下左图所示。

步骤02 单击"基本参数"卷展栏下"漫反射"后的颜色块，打开"颜色选择器：diffuse"对话框，将颜色选择坐标移动至原点，将"亮度"修改为200，单击"确定"按钮，如下右图所示。

 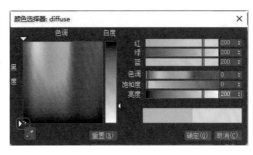

步骤03 单击"基本参数"卷展栏下反射后的颜色块，打开"颜色选择器：反射"对话框，修改"亮度"为30，单击"确定"按钮，如下左图所示。

步骤04 修改"光泽度"为0.35，在"选项"卷展栏中，取消勾选"跟踪反射"复选框，如下右图所示。

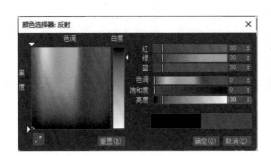 

步骤 05 将该材质赋予吊顶与墙面，效果如下图所示。

8.4.3 制作木地板

本节将为卧室的地面赋予木地板材质。还是使用VRayMtl材质，但除了相关参数的设置外，还需要添加木地板贴图。下面介绍具体操作方法。

步骤 01 切换另一材质球，修改名称为"木地板"，切换贴图为VRayMtl，单击"漫反射"后的■按钮，打开"材质/贴图浏览器"对话框，给予"位图"选项，打开"选择位图图像文件"对话框。在案例文件中找到"材质贴图"文件，选择"木地板"，如下左图所示。单击"打开"按钮完成导入。

步骤 02 返回"材质编辑器"，单击■按钮返回"父对象"，设置反射颜色"亮度"为220、光泽度为0.65，如下右图所示。

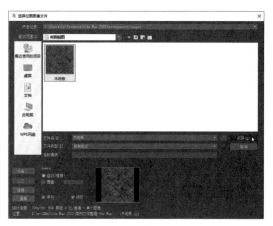

步骤 03 展开"贴图"卷展栏，将"漫射"右侧的贴图以"实例"拖入"凹凸"，设置"凹凸"数值为10，如下左图所示。

步骤 04 选择地板，将其孤立。给予UVW贴图，在"参数"卷展栏中修改"贴图"为"平面"、"长度"为2000、"宽度"为2000，如下中图所示。

步骤 05 将木地板材质赋予地板，效果如下右图所示。

步骤 06 返回"材质编辑器"，单击"反射"右侧的■按钮，给予"位图"，打开"划痕"材质贴图，如下左图所示。

步骤 07 返回"材质编辑器"，在"贴图"卷展栏中，修改"反射"和"光泽度"的数值均为30，如下右图所示。

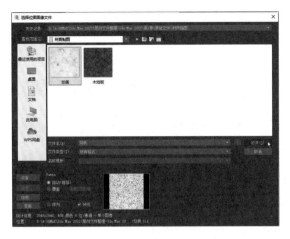

步骤 08 取消孤立，查看效果，如右图所示。

8.4.4 制作地毯

本节制作地毯材质，需要使用VRayMtl材质并添加贴图，下面介绍具体操作方法。

步骤 01 切换另一材质球，修改名称为"地毯"，切换贴图为VRayMtl，单击"漫反射"右侧的▇按钮，打开"材质/贴图浏览器"对话框，给予"位图"选项，打开"选择位图图像文件"对话框，在案例文件中找到"材质贴图"文件，选择"地毯"，如下左图所示。单击"确定"按钮，返回"材质编辑器"。

步骤 02 在"位图参数"卷展栏中，勾选"裁剪/放置"复选组下的"应用"复选框，单击右侧"查看图像"按钮并裁剪图像，如下右图所示。

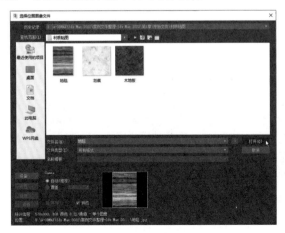

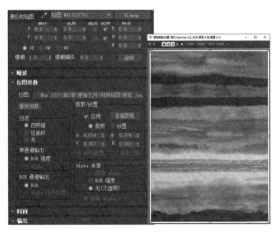

步骤 03 返回父级对象，打开"材质"卷展栏，将"漫射"后的"贴图"以"实例"复制到"凹凸"后，修改"凹凸"数值为300，如下左图所示。

步骤 04 选择并孤立地毯，给予UVW贴图，"贴图"类型选"长方体"，长、宽、高则视物体体积而改变，如下中图所示。

步骤 05 将材质赋予地毯，效果如下右图所示。

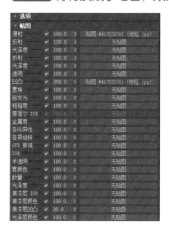  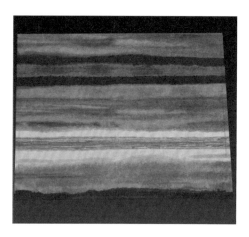

8.4.5　制作玻璃

本节介绍制作玻璃材质的方法，主要设置"折射"参数，下面介绍具体操作方法。

步骤 01 切换另一材质球，修改名称为"玻璃"，切换贴图为VRayMtl，修改漫反射颜色参数，"亮度"修改为10，如下左图所示。

步骤 02 修改反射颜色的参数，"亮度"修改为255，如下右图所示。

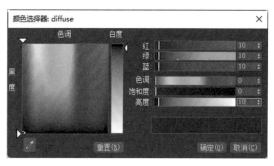 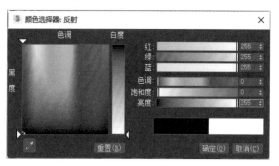

步骤 03 修改"反射"面板中的参数，将"光泽度"修改为0.98，光线反射次数为8，如下左图所示。

步骤 04 修改折射颜色的参数，同样设置光线反射次数为8，具体数据如下右图所示。

 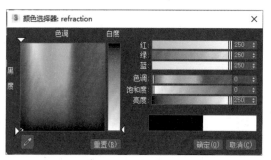

步骤 05 修改半透明下"雾"颜色的参数，修改"深度"为0.2，如下左图所示。

步骤 06 勾选"自发光"右侧的GI复选框，打开BRDF卷展栏，修改高光的形状为"布林材质"。打开"选项"卷展栏，取消勾选"光泽菲涅尔"复选框，如下右图所示。将材质赋予玻璃。

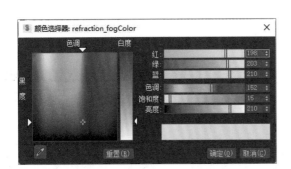

8.4.6 使用材质模板快速制作材质

学习了直接制作材质的方法后，本小节将介绍如何使用材质模板快速制作材质。

步骤 01 在"材质编辑器"中单击▓按钮，打开"材质/贴图浏览器"对话框，单击左侧的下拉按钮，在下拉列表中选择"打开材质库"选项，如下左图所示。

步骤 02 打开"导入材质库"对话框，在案例文件中找到"常用材质模板"文件，单击"打开"按钮，如下右图所示。

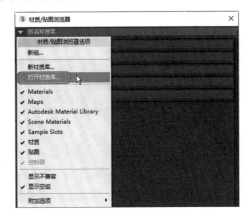

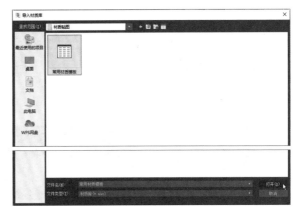

步骤 03 选择其他材质球，给予材质库中的"米色绒布"材质，在"漫反射"中切换贴图，在贴图"颜色#1"中给予位图，然后再打开绒布材质，如下图所示。

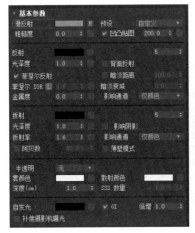

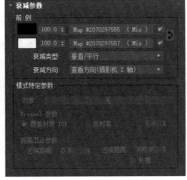

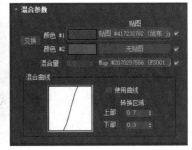

步骤 04 将绒布材质赋予对应物体，给予UVW贴图，如下左图所示。

步骤 05 新建"普通丝绸"材质。打开"漫反射"贴图，单击上方的"无贴图"按钮，选择"位图"选项，打开"丝绸材质"，材质球的效果如下中图所示。

步骤 06 将材质赋予场景中的窗帘，给予UVW贴图。在下方参数卷展栏中，"贴图"选择"组下"，勾选"长方形"复选框，效果如下右图所示。

步骤 07 制作"布料纱帘"材质，直接给予纱帘材质，给予UVW贴图。在下方参数卷展栏中，"贴图"选择"组下"，勾选"长方形"复选框，效果如下左图所示。

步骤 08 制作"黑钢"材质。打开"光泽度"的贴图，添加"划痕"贴图，如下中图所示。

步骤 09 将材质赋予对应模型，给予UVW贴图。在下方参数卷展栏中，"贴图"选择"组下"，勾选"长方形"复选框，效果如下右图所示。

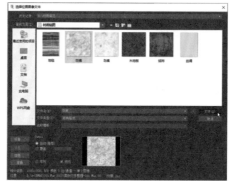

步骤 10 制作"家具木纹亚光"材质。将漫反射贴图切换为"木纹"贴图，将光泽度贴图更换为"划痕"贴图，效果如下左图所示。

步骤 11 将材质赋予对应物体，给予UVW贴图。在下方参数卷展栏中，"贴图"选择"组下"，勾选"长方形"复选框，调整贴图的位置与大小，效果如下中图所示。

步骤 12 制作"墙布"材质，切换贴图，修改颜色，效果如下右图所示。

步骤 13 将材质赋予对应物体，给予UVW贴图。在下方参数卷展栏中，"贴图"选择"组下"，勾选"长方形"复选框，调整贴图位置的与大小，效果如下左图所示。

步骤 14 为其他物体创建材质，修改不喜欢的材质，为最终渲染做准备，效果如下右图所示。

8.5 最终渲染

完成所有的制作后，就可以开始最终的渲染了。但在开始前还需要丰富一下细节。本案例需要添加部分外景，以使效果更完美。

8.5.1 制作外景

为了使场景更丰富，需要在窗户外添加外景并进行相应调整，下面介绍具体操作方法。

步骤 01 切换至顶视图，在窗户处绘制矩形，给予挤出3400，效果如下左图所示。

步骤 02 给予UVW贴图，长方体，右击对象属性，打开"对象属性"对话框，取消勾选"渲染控制"，选择组中的"接收阴影"复选框与"投射阴影"复选框，如下中图所示。

步骤 03 打开菜单栏中的"自定义"下拉列表，选择"自定义用户界面"，打开"自定义用户界面"对话框，打开"四元菜单"选项卡，选择"类别"为VRay。在"操作"选项组中，找到"显示VRay对象或灯属性"选项，将其拖入到右侧的"属性"列表下，如下右图所示。

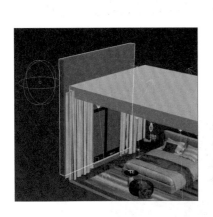  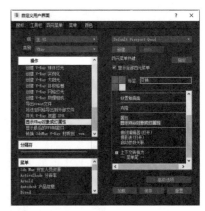

步骤 04 退出"自定义用户界面"对话框，右击外景长方体，选择新出现的"VRay 属性"选项，如下左图所示。

步骤 05 打开"VRay 对象属性"对话框，取消勾选"生成GI"复选框与"接收GI"复选框，如下中图所示。

步骤 06 新建"外景色"材质球,选择"颜色"后的"无贴图"按钮,打开外景贴图,如下右图所示。

步骤 07 勾选"位图参数"卷展栏下"裁剪/放置"选择组中的"应用"复选框,如下左图所示。

步骤 08 单击"查看图像"按钮,打开裁剪面板,将图片裁剪为合适大小,如下右图所示。

步骤 09 返回相机视角,渲染并查看效果,如下图所示。

8.5.2 最终渲染

所有场景制作完成后，可以渲染出图，下面介绍具体操作方法。

步骤 01 打开"渲染设置"对话框，打开"预设"下拉选项，选择"加载预设"选项。打开"渲染预设加载"对话框后，找到"最终渲染参数"文件，如下左图所示。

步骤 02 单击"打开"按钮，打开"选择预设类别"对话框，单击"加载"按钮，加载最终参数，如下右图所示。

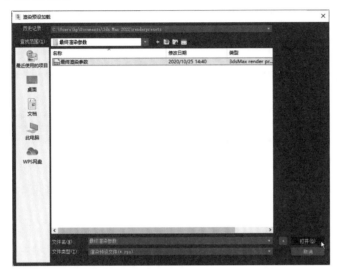

步骤 03 开始最终的渲染，渲染时间大概有数个小时。等待渲染完成，效果如下图所示。

3+Ⓥ 第9章　客餐厅全景效果表现

扫码看视频

本章概述

本章以一套现代风格的室内客餐厅施工图为案例，详细讲述家装建筑中室内客餐厅全景效果图的制作方法，其主要分为大空间制作和材质与灯光摄影机两大部分，第三部分主要是最终效果的展示。

核心知识点

❶ 掌握大空间的制作
❷ 掌握快速制作材质
❸ 掌握直接调用灯光摄影机
❹ 综合运用多种工具

9.1　大空间制作

在前面的学习中，我们已经学习了小空间单角度的效果图制作方法。在单角度的效果图中，我们只需要制作可视角度内的模型，灯光布局也比较简单，仅仅需要考虑单窗口的进光情况。而在大空间全景效果图的制作中，我们将要深入学习效果图的制作方法，以及使用高级操作方法快速进行制作。

9.1.1　整体房型制作

学习了基本的制作方法后，本小节将讲述如何快速制作整体房型，具体操作步骤如下。

步骤 01 打开3ds Max 2022应用程序，完成基本设置。去除栅格线，切换至顶视图。在案例文件中找到CAD图纸文件，打开"新块"完成导入，如下左图所示。

步骤 02 对平面图进行成组、改色、坐标轴归零以及冻结当前选择等操作，如下右图所示。

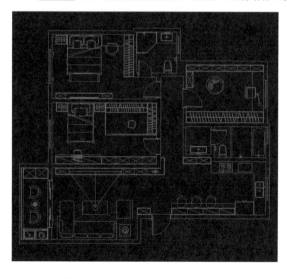
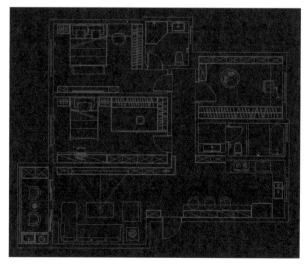

步骤 03 右击"捕捉开关"按钮，打开"栅格与捕捉设置"对话框，在"捕捉"选项卡中勾选"栅格点""顶点""端点"和"中点"复选框，切换至"选项"选项卡中设置相关参数，如下左图所示。

步骤 04 使用"线"工具对客餐厅所有可视空间进行"角点"操作，如下右图所示。

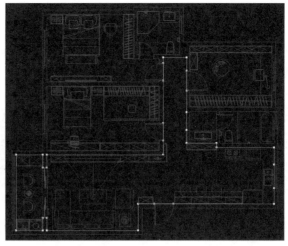

步骤 05 给予挤出2800，在透视图中查看效果，如下左图所示。

步骤 06 右击转换为"可编辑多边形"。在"边"层级下，加选大门门线，右击连接两条线，分别将其"高度"移动至80与2280，如下中图所示。

步骤 07 切换至"多边形"层级，加选所有的门洞面。切换至前视图，在"多边形"层级下的"几何体"卷展栏中，选择"快速切片"按钮，沿上下两边切片，透视图效果如下右图所示。

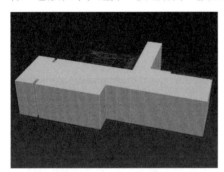
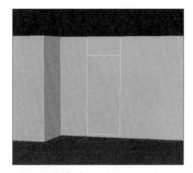
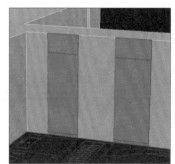

步骤 08 在左视图中减选多余的面，给予挤出240，效果如下左图所示。

步骤 09 在顶视图中反选所有的门洞并挤出，如下中图所示。

步骤 10 在前视图中拣选需要保留的面，单击删除键，完成后的效果如下右图所示。

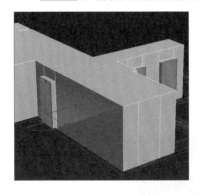
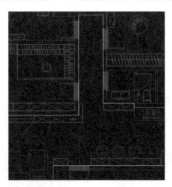
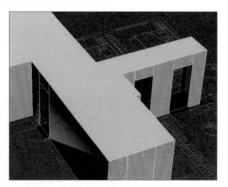

步骤 11 分别在两个窗户位置连接两条线，移动阳台窗户的两条线分别至240与2360，移动厨房窗户的两条线分别至1000与2360，如下左图所示。

步骤 12 加选窗洞，给予挤出200。删除窗洞，效果如下中图所示。

步骤13 在前视图中制作门套。使用"线"工具描出三边，给予"编辑样条线"，给予轮廓60、挤出260，透视图效果如下右图所示。

> **提示：快速切片的适用场景**
>
> 快速切片主要适用于需要同时制作多个面的场景，理解每个视图的空间关系与正反选的应用，能极大地加快我们制作大型场景的时间。

步骤14 给予门框"编辑多边形"选项，使用移动、旋转工具与复制、编辑功能，为所有门洞添加门框，如下左图所示。

步骤15 切换至左视图，使用"矩形"工具绘制外围窗框，给予"编辑样条线"选项，给予轮廓40、挤出100，透视图效果如下中图所示。

步骤16 切换至左视图，在不勾选"开始新图形"复选框的状态下，使用"线"工具在外围窗框的左右两边各画一条线，如下右图所示。

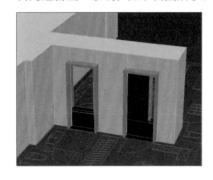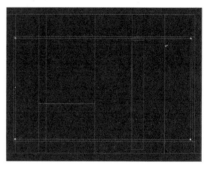

步骤17 单击下方 按钮，切换至"绝对"模式，选中左侧的线，沿X轴移动为600；选中右侧的线，沿X轴移动为-600。完成后的效果如下左图所示。

步骤18 切换至"样条线"层级，给予轮廓40、挤出100，移动立柱至外围窗框，再移动整体至窗洞，如下右图所示。

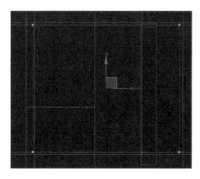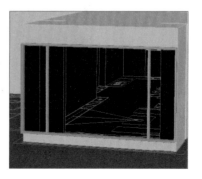

步骤 19 加选立柱与外围窗框，在右侧的命令面板中打开"实用程序"选项。在"实用程序"卷展栏中单击"塌陷"按钮，打开"塌陷"卷展栏，单击"塌陷选定对象"按钮（"塌陷"能将两个不同的对象合并为一个），如下左图所示，完成后的效果如下中图所示。

步骤 20 在左视图中，绘制厨房窗框，给予"编辑多边形"选项，给予轮廓40、挤出100，效果如下右图所示。

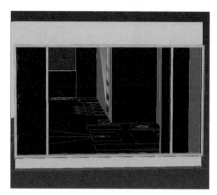

步骤 21 在左视图中，使用"直线"工具在窗框左右两侧中心连接一条直线，切换至绝对模式，沿Y轴移动300，如下左图所示。

步骤 22 在"样条线"层级下，给予轮廓40、挤出100，移动到窗框内，效果如下中图所示。

步骤 23 切换至左视图，使用"直线"工具绘制立柱，给予轮廓40、挤出100，如下右图所示。

步骤 24 组合窗框，将其全部"塌陷"，移动到合适位置，最终效果如下左图所示。

步骤 25 切换至左视图，在不勾选"开始新图形"的状态下，使用"矩形"工具绘制阳台内部窗框，给予轮廓40、挤出40，将其移动到合适位置，效果如下中图所示。

步骤 26 使用同样操作绘制厨房内部窗框，完成后的效果如下右图所示。

步骤 27 切换至左视图，在不勾选"开始新图形"的状态下，使用"矩形"工具绘制阳台玻璃，给予挤出10，将其移动到合适位置，使用"Alt+X"组合键将其半透明，如下左图所示。

步骤28 使用同样操作绘制厨房内部玻璃，完成后的效果如下右图所示。

 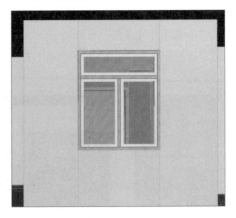

步骤29 选中房子主体，在右侧"可编辑多边形"下拉面板中，选择"元素"层级，右击房子主体选择"翻转法线"选项，如下左图所示。

步骤30 右击房子主体，选择"对象属性"选项，在"对象属性"对话框中的"显示属性"选项组下，勾选"背面消隐"复选框，如下右图所示。

步骤31 在左上角的"标注"下拉列表中，选择"按视图设置"，打开"视口设置-四元菜单"对话框，设置灯光效果。返回透视图查看效果，如下左图所示。

步骤32 选择房子主体，在"多边形"层级下，给予地面挤出80，如下右图所示。

 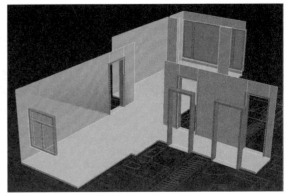

步骤 33 切换至顶视图绘制房梁，将其移动到指定位置，如下左图所示。

步骤 34 选择房子主体，在"可编辑多边形"层级下，打开"编辑几何体"卷展栏，单击"附加"按钮，选择房梁进行附加，完成后的整体效果如下右图所示。

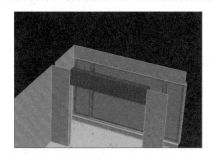 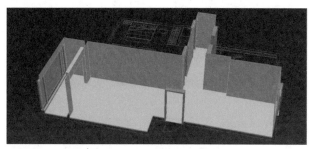

9.1.2 吊顶的制作

完成整体大空间的制作后，就可以开始制作吊顶了。本案例应用两种经典的藏灯带方式，详细地介绍了吊顶的制作方法，具体操作步骤如下。

步骤 01 导入"新块顶面"CAD图纸，进行成组、改色、坐标轴归零、孤立吊顶、冻结当前选择一系列操作，完成后的效果如下左图所示。

步骤 02 绘制阳台与窗帘盒位置下吊-100的吊顶，给予挤出-100，将其沿Z轴移动至2800，如下右图所示。

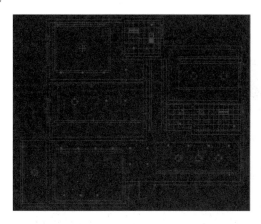 

步骤 03 绘制客餐厅处吊顶，在不开始新图形状态下，绘制吊顶轮廓，给予挤出-240，将其沿Z轴移动至2800，如下左图所示。

步骤 04 切换至前视图，将其沿Y轴复制一份，将挤出改为-60，并将其对齐，如下右图所示。

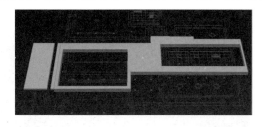 

步骤 05 切换至顶视图，切换至"样条线"层级，选择藏灯带位置，使用"缩放"工具做出藏灯带，如下左图所示。

步骤 06 绘制出其余客餐厅下吊-100的位置，完成后的效果如下右图所示。

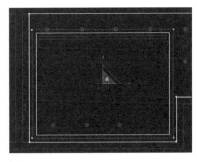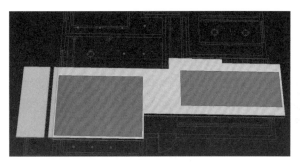

步骤 07 绘制出过道吊顶，下吊-240，将其移动到合适位置，如下左图所示。

步骤 08 切换至左视图，复制过道吊顶，修改挤出为-60，并将其统一对齐，如下右图所示。

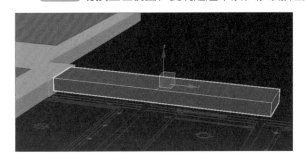

步骤 09 选择上方的吊顶，给予"编辑多边形"选项，切换至顶视图，切换至"元素"层级，选择吊顶，使用"缩放"工具沿X轴做出藏灯带，如下左图所示。

步骤 10 绘制其余过道处的吊顶，移动位置并查看藏灯带效果，如下右图所示。

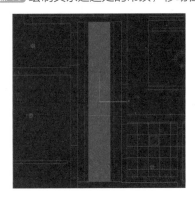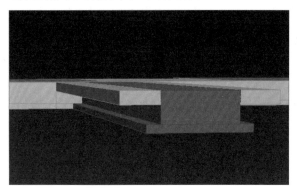

步骤 11 将所有吊顶选中成组，统一颜色，如下左图所示。

步骤 12 切换至顶视图，使用"矩形"工具在磁吸灯处绘制矩形，给予挤出100。切换至前视图，并将其对齐，效果如下右图所示。

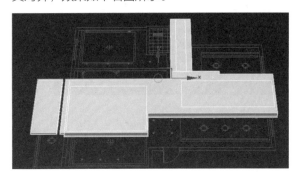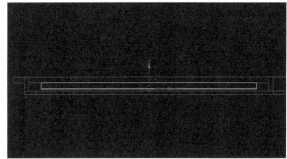

步骤13 切换至"绝对"模式，沿Y轴向上移动60，如下左图所示。

步骤14 选择吊顶组，在菜单栏中的"组"下拉列表中选择"打开"选项，进入吊顶组，选择客厅下吊-100的吊顶，如下右图所示。

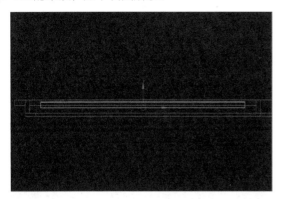

步骤15 在右侧的"创建"面板中的"几何体"选项下，打开第一行下拉列表，选择"复合对象"选项，如下左图所示。

步骤16 选择"对象属性"卷展栏中的ProBoolean按钮，进行超级布尔设置，具体设置如下中图所示。

步骤17 单击"开始拾取"按钮，选择创建的磁吸灯几何体，对其进行布尔运算，完成后的效果如下右图所示。

步骤18 使用同样的方法在厨房磁吸灯处进行操作，完成后的效果如下左图所示。

步骤19 打开菜单栏中的"组"下拉列表，选择"关闭"选项，取消孤立并返回透视图中查看整体效果，如下右图所示。

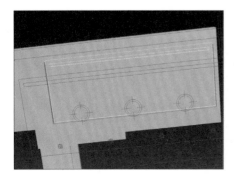
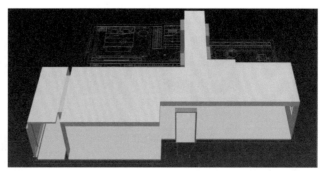

9.2 家具的制作与调用

本小节将介绍一般常用家具的制作与调用，下面介绍具体操作步骤。

9.2.1 家具的制作

我们需要熟练使用平面工具与几何体创建功能进行家具部分的制作，具体步骤如下。

步骤 01 导入"新块A立面"CAD文件，进行成组、改色、坐标轴归零操作，如下左图所示。

步骤 02 使用"旋转"工具旋转，切换至前视图对齐，如下右图所示。

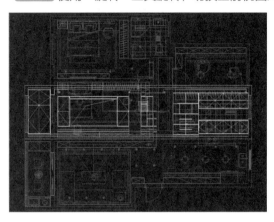 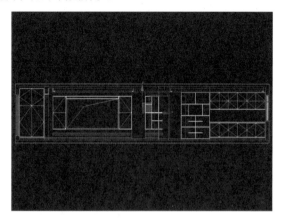

步骤 03 选择立面图，将其孤立，冻结选择对象，使用"矩形"工具画出柜体，给予挤出530，如下左图所示。

步骤 04 使用"矩形"工具绘制出柜门，在顶视图中，将其移动到合适位置，效果如下中图所示。

步骤 05 选择柜门，切换至"边"层级，横竖各连接一条线，并将其移动至缝隙位置，如下右图所示。

步骤 06 选中缝隙位置的线，右击挤出，设置高度为-20、宽度为10，完成后的效果如下左图所示。

步骤 07 使用"矩形"工具，在不开始新图形的状态下绘制电视柜，给予挤出330，效果如下中图所示。

步骤 08 使用"矩形"工具绘制大理石背板，给予挤出50，效果如下右图所示。

  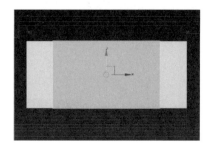

步骤 09 使用"矩形"工具绘制投影仪收纳盒,给予挤出300。在顶视图中,将其移动到合适位置,如下左图所示。

步骤 10 给予收纳盒"编辑多边形"选项,切换至"多边形"层级,切换至前视图,选择平面,右击选择"插入",设置数值为20,效果如下中图所示。

步骤 11 在右下方打开"编辑多边形"卷展栏,单击"分离"按钮。返回"顶"层级,选择分离的面,右击挤出-20,效果如下右图所示。

步骤 12 切换至顶视图,在收纳盒位置绘制矩形,给予挤出100,并将其对齐,如下左图所示。

步骤 13 切换至"绝对"模式,沿Y轴移动100,选择收纳盒,使用ProBoolean工具进行布尔操作,完成后的效果如下中图所示。

步骤 14 使用"矩形"工具绘制柜门,并将其移动到合适位置,给予"编辑多边形"选项,切换至"边"层级,连接造型线,右击挤出,设置高度为-20、宽度为10,完成后的效果如下右图所示。

步骤 15 使用"矩形"工具绘制墙面柜造型,给予挤出400,效果如下左图所示。

步骤 16 在不开始新图形的状态下,使用"矩形"工具绘制下方墙面造型,给予挤出350,效果如下中图所示。

步骤 17 使用"矩形"工具绘制展示架,设置为深度350、背板厚度为20,完成后的效果如下右图所示。

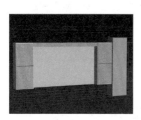  

步骤 18 绘制厨房台面,设置柜子高度为840、台面高度为50,柜体向内移动40,完成后的效果如下左图所示。

步骤 19 绘制上方柜子与背板,设置柜子挤出为330、背板挤出为40,完成后的效果如下中图所示。

步骤 20 绘制柜门,给予挤出20,连接线条,给予线条挤出,设置高度为-10、宽度为5,完成后的效果如下右图所示。

 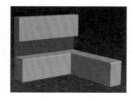 

步骤21 选择背板，切换至"边"层级，选中上、下两条边，连接59段竖线，右击挤出，设置高度为-10、宽度为15，完成后的效果如下左图所示。

步骤22 切换至顶视图，将所有物体对齐，效果如下右图所示。

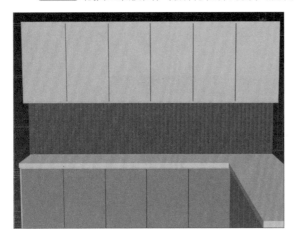 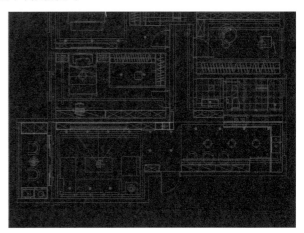

步骤23 使用"矩形"工具绘制走廊展示板，完成后将其"塌陷"，效果如下左图所示。

步骤24 退出孤立，查看整体效果，如下右图所示。

 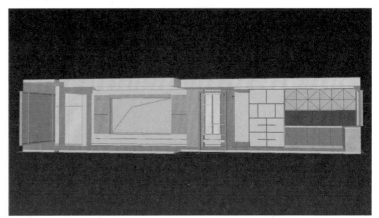

步骤25 导入"新块B立面"CAD文件，进行成组、改色、坐标轴归零操作，如下左图所示。

步骤26 使用"旋转"工具旋转，切换至前视图对齐，如下右图所示。

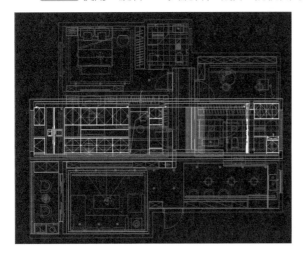 

步骤 27 切换至前视图，绘制阳台柜体与台面，柜体挤出530，台面挤出550，完成后的效果如下左图所示。

步骤 28 绘制柜门，连接线段并挤出缝隙，设置高度为-20、宽度为10，效果如下中图所示。

步骤 29 绘制厨房柜体，紫色部分挤出330，粉色部分挤出680，效果如下右图所示。

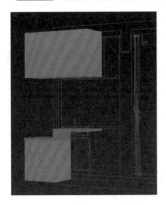 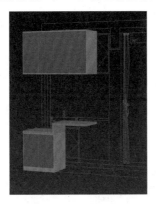 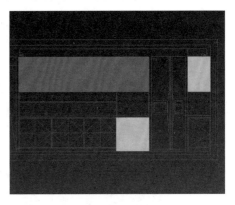

步骤 30 绘制台面，蓝色部分挤出330，红色与黄色部分均挤出600，效果如下左图所示。

步骤 31 绘制背板，给予挤出20，效果如下中图所示。

步骤 32 绘制柜门，给予挤出20，连接线段并挤出，设置高度为-10、宽度为5，效果如下右图所示。

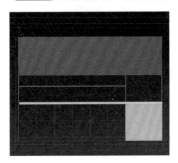 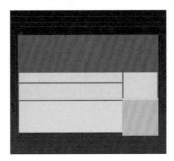 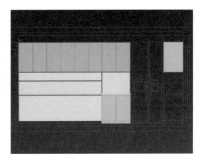

步骤 33 绘制客厅硬包，给予挤出20，连接线段并挤出，设置高度为-20、宽度为10，如下左图所示。

步骤 34 切换至"多边形"层级，选择前方所有硬包的面，右击"转换到边"，右击"切角"，设置数量为3，分段为2，取消勾选"切角平滑"复选框，完成后的效果如下右图所示。

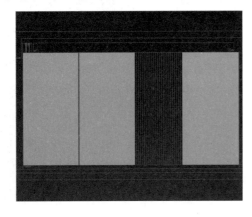 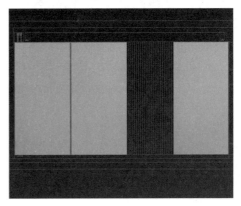

步骤 35 绘制客厅造型，给予挤出20，连接24条线段并挤出，设置高度为-10、宽度为10，如下左图所示。

步骤 36 全选物体，使用"镜像"工具沿Y轴方向进行镜像，效果如下右图所示。

 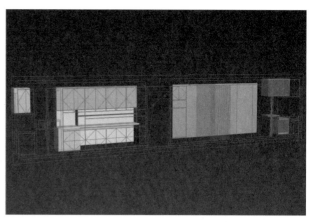

步骤37 取消孤立，调整物体位置，整体效果如下图所示。

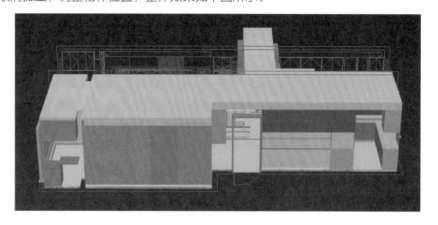

步骤38 选中房子主体，沿Z轴向上复制一份。在复制的房子主体中，切换至"多边形"层级，选中地面，右击选择"转换到边"命令，然后右击选择"创建图形"命令，在弹出的"创建图形"对话框中，选中"图形类型"右侧的"线性"单选按钮，单击"确定"按钮完成图形创建，如下左图所示。

步骤39 孤立创建的线与平面布置图，删除多余的线段，如下右图所示。

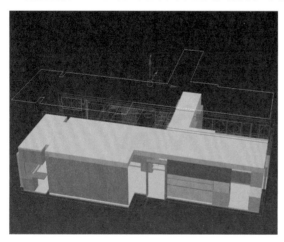 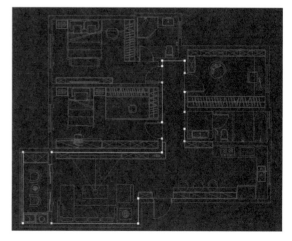

步骤40 给予挤出80，给予"壳"，设置内部量为10、外部量为0，勾选"将角拉直"复选框，效果如下左图所示。

步骤41 取消孤立，在前视图中将其对齐，如下右图所示。

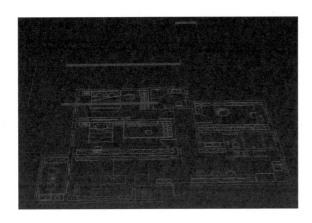
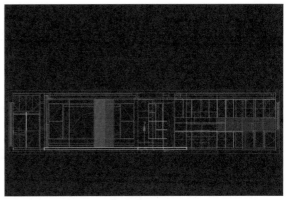

步骤 42 孤立房子主体，切换至"多边形"层级，分离地面与过门石，如下左图所示。

步骤 43 取消孤立，隐藏CAD，查看效果，如下右图所示。

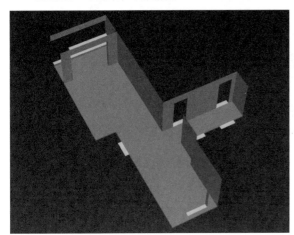
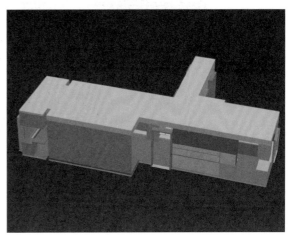

9.2.2 成品家具的合并

接下来我们要对成品家具进行合并，需要熟练掌握模型的合并与修改，操作步骤如下。

步骤 01 合并门，使用FFD 2×2×2工具调整大小，完成后的效果如下左图所示。

步骤 02 合并窗帘，使用"缩放"工具调整大小，效果如下中图所示。

步骤 03 合并成品鞋柜，使用FFD 2×2×2工具略微修改，完成后的效果如下右图所示。

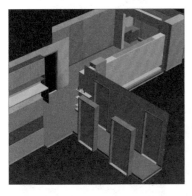
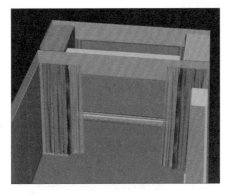
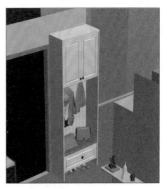

步骤 04 合并投影幕布与投影仪，调整位置与大小，如下左图所示。

步骤 05 合并高脚凳，调整数量与位置，如下中图所示。

步骤06 合并组合桌椅，调整位置，如下右图所示。

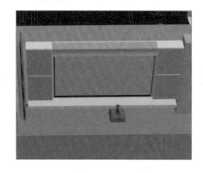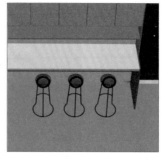

步骤07 合并装饰柜与组合沙发，调整位置，如下左图所示。

步骤08 孤立吊顶与平面布置图，合并吊灯，效果如下右图所示。

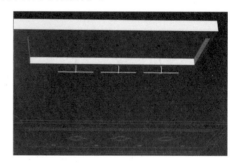

步骤09 合并射灯，以"实例"方式布置灯光，全选成组，如下左图所示。

步骤10 在成品家具文件中，直接将"百叶窗3ds文件"拖入3ds Max软件中，调整位置，如下中图所示。

步骤11 拖入"冰箱3ds文件"，调整位置，如下右图所示。

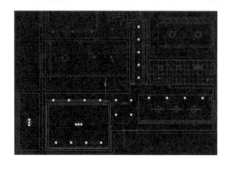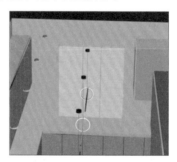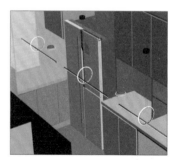

步骤12 拖入陈设，调整位置，如下左图所示。

步骤13 拖入大型百叶窗，将其放置在阳台的合适位置，如下中图所示。

步骤14 拖入装饰画，调整位置，如下右图所示。

步骤 15 拖入磁吸灯，调整大小与位置，如下左图所示。

步骤 16 查看整体效果，如下右图所示。

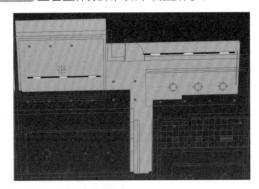 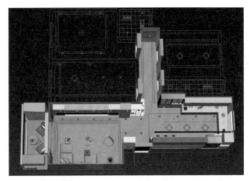

9.3 材质与灯光摄影机

本小节将介绍如何为场景物体赋予材质与快速搭建灯光摄影机，具体步骤如下。

9.3.1 快速赋予材质

要为场景物体赋予材质，需要掌握在预先准备好的模板下进行快速制作材质的方法，具体步骤如下。

步骤 01 调入常用材质模板，创建玻璃普通材质，如下左图所示，直接赋予玻璃。

步骤 02 创建白色乳胶漆材质，直接赋予墙面与吊顶，如下右图所示。

 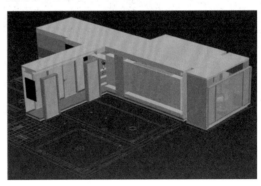

步骤 03 创建的木纹亚光材质家具。在"漫反射"中替换"木纹"贴图，在"光泽度"中替换"划痕"贴图，赋予所有木纹材质，在赋予前给予UVW贴图，贴图类型为"长方体"，完成后的效果如下左图所示。

步骤 04 制作白色混油材质，直接赋予对应物体，如下右图所示。

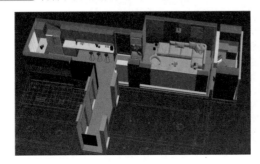 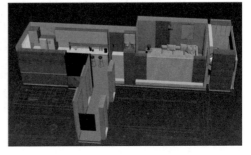

步骤 05 创建黑钢材质。在"光泽度"中替换"划痕"贴图，赋予对应物体，如下左图所示。

步骤 06 创建大理石地面材质。在"漫反射"中替换"大理石"贴图，在"反射"与"光泽度"中替换"划痕"贴图，赋予地面，给予UVW贴图，调整贴图大小，如下右图所示。

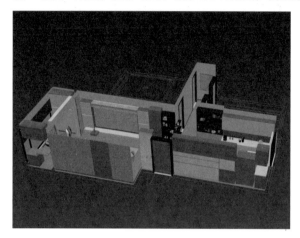 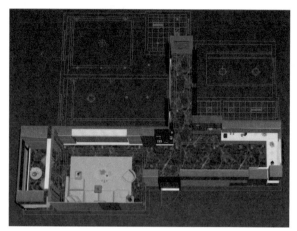

步骤 07 创建大理石材质。在"漫反射"中替换"大理石"贴图，在"反射"与"光泽度"中替换"划痕"贴图，赋予对应物体，给予UVW贴图，调整贴图大小，如下左图所示。

步骤 08 制作黑色混油材质，调整颜色，如下右图所示，赋予对应物体。

步骤 09 创建地毯材质。在"漫反射"中替换贴图，打开下方的"贴图"卷展栏，将"漫射"右侧的贴图以"实例"拖入"凹凸"中，修改"凹凸"数值为300，如下左图所示。效果如下右图所示。将材质赋予对应物体。

步骤10 创建皮革贴图。在"漫反射"中给予"位图"，替换贴图，在"光泽度"中给予"划痕"。打开下方的"贴图"卷展栏，将"漫反射"右侧的贴图以"实例"拖入"凹凸"，修改"凹凸"数值为100，效果如下左图所示。将皮革材质赋予沙发，给予UVW贴图，调整大小，完成后的效果如下中图所示。

步骤11 制作布料，效果如下右图所示，赋予对应的物体。

步骤12 制作不同的布料，效果如下左图与下中图所示，赋予对应物体。

步骤13 制作绒布，赋予对应物体，完成后的效果如下右图所示。

9.3.2　直接调用灯光摄影机

我们可以新建一个3ds Max文件，在里面提前制作好灯光与摄影机，在需要的时候直接将其进行合并，即可节省制作时间。这里将直接调用已经制作好的文件，具体步骤如下。

步骤01 直接合并灯光、摄影机、外景文件，如下左图所示。

步骤02 布置灯光与摄影机，如下右图所示。

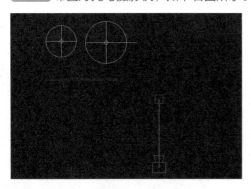
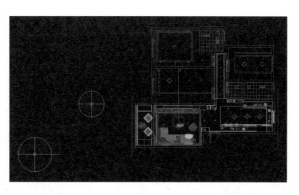

步骤03 使用位图制作外景，完成后的效果如下左图所示。

步骤04 在"渲染设置"中，加载全景参数中的"全景草图"，如下右图所示。

步骤 05 进行初步渲染，效果如下图所示。

9.3.3 补充细节光源

接下来，我们需要了解灯光的布置，并掌握如何对主要物体的灯光进行补充，操作步骤如下。

步骤 01 孤立吊顶，切换至顶视图，在藏灯带处绘制VRay灯光，如下左图所示。

步骤 02 在右侧"常规"卷展栏中，修改"倍增"为15，"模式"为"温度"，温度为4500。在"选项"卷展栏中勾选"不可见"复选框，如下中图所示。

步骤 03 将灯光移动到藏灯带内，复制并布置灯光，如下右图所示。

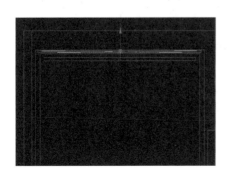

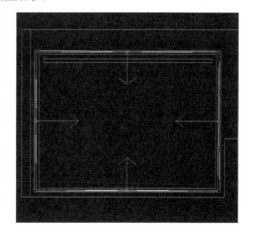

步骤04 取消孤立，切换至前视图，绘制灯光，类型为VRayIES，在"射灯"模型下拉出灯光，如下左图所示。

步骤05 切换至"修改"面板，在VRayIES卷展栏中，单击IES文件右侧的按钮。打开"打开"对话框，找到案例文件中的光域网，选择"筒灯6480"，单击"打开"按钮，在VRayIES卷展栏中，修改"颜色模式"为"温度"、"色温"为5000、"强度值"为4850。然后在顶视图布置灯光，如下右图所示。

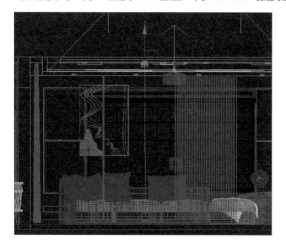
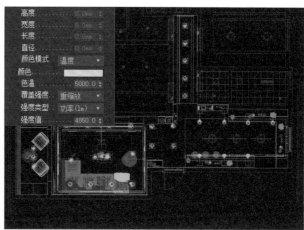

步骤06 进一步进行渲染，效果如下图所示。

9.4 最终渲染

完成了所有制作，就可以开始最终的渲染了。在开始前，可以对不满意的部分进行调整，然后加载全景正图参数，开始渲染，完成后的效果如下图所示。

第1章

一、选择题

（1）D　　（2）D　　（3）B　　（4）C

二、填空题

（1）Ctrl+N

（2）创建、修改、层次、运动、显示、实用程序

（3）Alt +Q

第2章

一、选择题

（1）C　　（2）A　　（3）D　　（4）C

二、填空题

（1）交叉

（2）捕捉开关、角度捕捉切换、百分比捕捉切换、微调器捕捉切换

（3）W

第3章

一、选择题

（1）A　　（2）C　　（3）D

二、填空题

（1）边数

（2）并集、交集、差集、合并、附加、插入

第4章

一、选择题

（1）C　　（2）A　　（3）D　　（4）B

二、填空题

（1）步数

（2）倒角

（3）弯曲

第5章

一、选择题

（1）D　　（2）B　　（3）C　　（4）D

二、填空题

（1）Ctrl+C

（2）目标聚光灯、目标平行光、泛光、自由聚光灯、自由平行光、天光

（3）VRay灯光、VRay环境光、VRayIES、VRay太阳光

第6章

一、选择题

（1）C　　（2）A　　（3）D　　（4）C

二、填空题

（1）精简材质编辑器、Slate材质编辑器

（2）漫反射、反射、折射

（3）VRayMtl

（4）UVW贴图

第7章

一、选择题

（1）B　　（2）C　　（3）B　　（4）D

二、填空题

（1）渲染帧窗口

（2）渲染块、渐进式

（3）发光贴图、BF算法、灯光缓存